JOSEF LIMBERGER

Streuobst wiesen

Inseln der Vielfalt

Über die ökologische und kulturelle Bedeutung von Streuobstwiesen in Oberösterreich

Spruch auf einer Mostpresse von 1871

„Wenn der liebe Gott das Obst thut segnen
dann gibt's viel Most und Wein.
Mäßig sollen wir doch leben
lustig dürfen wir schon sein.“

Geschnitztes und bemaltes Detail auf einer Mostpresse. Sammlung Mayrhofer, Zell am Moos.

ISBN 978-3-99025-391-5

Layout: freya_art, Alyssa Kamoun
Lektorat: Dorothea Forster
Fotos: Josef Limberger
Cover-Rückseite: Geschnitzter Fassdeckel von Hans Mayrhofer-Irrsee

printed in EU

mit freundlicher Unterstützung von

JOSEF LIMBERGER
Streuobst
wiesen
Inseln der Vielfalt
freya

Inhalt

Editorial

Wer kennt sie nicht, jene im Frühjahr in weißer und rosa Blütenpracht unsere Landschaft prägenden Streuobstwiesen und Obstbaumalleen. Lebensraum für unzählige Pflanzen und Tiere, Brutplatz und Nahrungsgrundlage unserer Vögel und von so manchem seltenen Säugetier. Im Spätsommer Lieferant von vitaminreichen Früchten, der Grundlage für wertvolle Säfte, Most, Schnaps und Essig.

Was wäre unsere Landschaft ohne die Häuser, umkränzt mit Streuobstwiesen oder beschirmt von einzelnen, mächtigen Obstbäumen. Im Spätherbst und im zeitigen Frühjahr zeichnen sich Obstbaumreihen als fein ziselierte Scherenschnitte gegen den abendlichen Himmel ab, im Frühjahr bezaubern sie durch die Üppigkeit ihrer Blüten, im Sommer durch die Farben der Früchte und deren Geschmack, im Herbst durch ihre lebendige Färbung der Blätter.

Mich persönlich fesselt der Anblick alter Bäume mit ihrer rissigen Borke, ihren weitausragenden Kronen, das Rauschen ihrer Blätter im Wind – wahre Persönlichkeiten im Pflanzenreich sind sie. Sie lassen sich vergleichen mit der faltenreichen Haut alter Menschen, deren Lebenserfahrung und Lebensumstände sich im Gesicht widerspiegeln. Jede Falte erzählt uns aus dem Leben dieser Person, den Witterungseinflüssen und prägenden Erlebnissen, denen sie ausgesetzt war. Genauso erzählen alte Bäume ihre Geschichte. Zum Nutzen des Menschen gepflanzt, bilden sie Lebensraum für Tiere und Pflanzen, sind Lieferanten vitaminreicher Früchte, sorgen für die Vielfalt und die Strukturierung unserer agrarisch genutzten Landschaft und bilden ein harmonisches Ganzes mit den oft sehr ästhetisch wirkenden Häusern und Stadeln, deren Errichtung noch nicht mit Geschwindigkeit, sondern mit handwerklichem Können und dem Einklang mit der umgebenden Landschaft einherging.

In diesem Buch möchte ich Ihnen in Worten, aber vor allem in Bildern erzählen und Ihnen die Augen öffnen auch für das Kleine, das ebenso wichtig im Kreislauf des Ganzen ist. Von den unzähligen Arten und Sorten, welche die wahre Vielfalt ausmachen. Über die Menschen, die mit und von den Früchten leben, und ihrem besonderen Bezug zu Streuobstwiesen und Beerensträuchern. Und über jene, die sie genießen und als wahre Bereicherung ihres Lebens empfinden. So wie ich.

Josef Limberger

Rinde eines alten Mostobstbaumes.

Spätsommer, Zeit der Apfelreife, Bubenberg/Steegen.

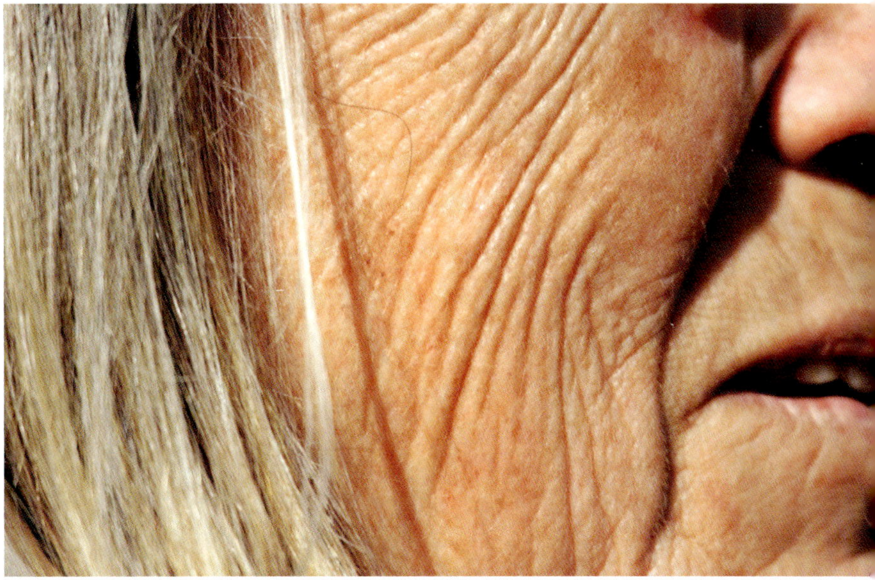

Die Rinde des Baumes und die menschliche Haut tragen die Zeichen eines bewegten Lebens in sich.

Mit den Augen des Fotografen

Kaum ist der Schnee in den Streuobstwiesen weggeschmolzen, zeigt sich ein erster, bunter Blütenteppich. Hohe Schlüsselblume (Primula elatior), Hohler Lerchensporn (Corydalis cava), Buschwindröschen (Anemone nemorosa) und Geflecktes Lungenkraut (Pulmonaria officinalis) blühen um die Wette. Ein Augenschmaus und erste Nektarquelle für Bienen, Leppersdorf/Scharten.

Ein Grünspecht (Picus viridis) stochert im Boden nach seiner Leibspeise – Ameisen. Er ist ein sogenannter „Erdspecht", der nicht nur unter der Borke alter Obstbäume, sondern vor allem am Boden nach Nahrung sucht. Während des Brutgeschäfts verhält sich diese schöne Spechtart sehr heimlich, weshalb es schwer ist, seine Bruthöhle zu finden, Bubenberg/Steegen.

Rehe (Capreolus capreolus) tun sich am ersten, zarten Grün der Wiesen gütlich. Bald werden die Ricken ihre Jungen zur Welt bringen, dafür brauchen sie alle Kraft. Die Stare sind schon aus dem Süden zurückgekehrt und suchen am Boden nach Insekten und Würmern, St. Marienkirchen/P.

Die sanfte, hügelige Landschaft des Naturparks Obst-Hügel-Land, in St. Marienkirchen/Polsenz und Scharten gelegen, ist mit ihren vielen Obstbäumen ein beliebtes Ausflugsziel und zu jeder Jahreszeit einen Besuch wert, Sommersberg.

Honigbienen (Apis mellifera) sind wichtige, unverzichtbare Bestäuber unserer Streuobstwiesen. Nicht zu vergessen, die vorwiegend solitär lebenden über 400 Wildbienenarten, welche dieselbe Funktion erfüllen und zum Teil bereits stark gefährdet sind. Ist es bei den Bienenvölkern die eingeschleppte Varroamilbe (Varroa destructor), sind Wildbienen und Honigbiene auch durch übermäßig ausgebrachte Insektizide gefährdet, Bubenberg/Steegen.

Der Buntspecht (Dendrocopos major) füttert seine Jungen, die schon vorwitzig aus der Baumhöhle schauen und lauthals betteln. Im Bild das Weibchen, durch das fehlende Rot am Hinterkopf leicht vom Männchen zu unterscheiden. Solche von Spechten gezimmerten Höhlen finden dankbare Nachmieter. Von anderen Vögeln abgesehen, nutzen auch Fledermäuse und Insekten dieses „Wohnungsangebot". Oberngrub, NP. Obst-Hügel-Land.

„Hasentreiben" in einer Streuobstwiese. Im Frühjahr sind Feldhasen (Lepus europaeus) sehr aktiv und jagen in weiten Sprüngen und hakenschlagend über die Wiesen und Felder. Jenes, welches die Schläge austeilt, ist meist das Weibchen, von liebestollen Männchen bedrängt, Langenpeuerbach/Steegen.

Stare (Sturnus vulgaris) ziehen ihre Jungen geschützt in Baumhöhlen groß, welche ihnen der Buntspecht gezimmert hat, nehmen aber auch gerne Nistkästen an. Mancher hadert mit diesen Vögeln, weil sie im Sommer auch Kirschen fressen. Die Unmengen an Insekten, die sie ihren Jungen verfüttern, darunter viele Schadinsekten und andere Plagegeister, übersehen sie dabei oft, St. Marienkirchen/Polsenz.

Blühende Obstbäume bei Ottensheim.

Kaum jemand, der mit offenen Augen durch die Landschaft geht, kann sich dem Zauber einer Apfelblüte entziehen.

Umkränzt von alten Obstbäumen präsentiert sich die Wallfahrtskirche von Hilkering. Sie steht am steil zur Aschach abfallenden Nordhang. Die einschiffige, im Stil der Spätgotik gebaute und im äußeren Erscheinungsbild schlicht wirkende Kirche wurde im Inneren im Zuge einer Erweiterung 1750 mit barocken Ornamenten ausgeschmückt.

Kühe fühlen sich wohl im lichten Schatten der Obstbäume, Peuerbach.

Alter, schön bemalter Mostkrug Sammlung Feldbauer, Manzing.

Was sind eigentlich Streuobstwiesen?

Echte Streuobstwiesen sind ein Konglomerat aus verschiedenen Obstbäumen in großer Sorten- und Artenvielfalt und in verschiedenen Altersstadien. Hingestreut in die Landschaft. Aber auch als Baumreihen gepflanzt. Je nach Gegend kann diese Zusammensetzung von Arten variieren und manchmal auch Reinbestände bilden. Plantagen mit ihren maschinengerecht ausgerichteten Reihen sind hingegen eine Erscheinung der neueren Zeit.

Eine reiche Artenfülle und Bäume aller Altersstufen sind Merkmale alter Streuobstwiesen, Blick von Wihering in Richtung Dürnberg.

Apfel und Birne als die dominierenden Bäume vieler Streuobstwiesen

Die Geschichte des Apfels

Wussten Sie eigentlich, dass der Apfel zu den Rosengewächsen *(Rosaceae)* gehört?

Primitive Formen der späteren Wildformen waren vor etwa 60 bis 70 Millionen Jahren in tropischen und subtropischen Gebirgstälern Südostasiens im Bereich des heutigen Südchina, heimisch.

Aus diesen Vorläufern gingen die echten Wildformen hervor. Die später in Europa heimisch gewordene Wildart, der Holz- oder Wildapfel *(Malus sylvestris)*, soll sich nach der letzten Eiszeit, vor etwa 10 000 bis 8 000 Jahren, am nordwestlichen Rand des Kaukasus und in Südrussland einschließlich des Donaubeckens herausgebildet haben.

Die Griechen brachten die Apfelkultur zu einer ersten Blüte. Sie kannten das Pfropfen, die Vermehrung einer Pflanze bzw. Sorte, über Reiser. Damit war ein historisch bedeutender Schritt zur Entwicklung unseres heutigen Apfels getan.

Die Römer übernahmen das Wissen der Griechen mit ihren Anbaumethoden und ihrer Pomologie, der Lehre von der Apfelkultivierung. Plinius der Ältere (24–79 n. Chr.) schildert in seiner „*Historia naturalis*" die Fruchtweinherstellung aus Früchten der Bäume, deren „*Säfte das Los der Menschen erleichtert*" haben.

Sehr alter Mostobstsämling nahe der oberösterreichischen Grenze in Zettwing, Tschechien.

Holzapfel (Malus sylvestris)

Die Germanen kannten den Holz- oder Wildapfel, den sie als aphul, oeppel oder epli bezeichneten. Sie tranken auch den ephiltranc (später Apfeltrank).

In den unruhigen Zeiten der germanischen Völkerwanderung (3.–6. Jh.), während das Klima in Europa merklich abkühlte, stagnierten der Anbau und die Pflege von Kulturpflanzen.

Erst Kaiser Karl der Große griff Ende des 8. Jhs. wieder auf die Kenntnisse der Anbaumethoden der Römer zurück. In seiner Landgüterverordnung *„Capitulare de villis vel curtis imperii"* von 802 förderte er den Obstanbau in ganz Europa und erteilte genaue Anweisungen, welche Obstarten in den Gärten gepflanzt werden sollten.

Die Geschichte des Apfelanbaus verlief von da an nahezu geradlinig und ohne einschneidende Unterbrechung bis ins Hier und Jetzt.

Die Geschichte der Birne

Wie der Apfel gehört auch der Birnbaum *(pyrus)* mit etwa 20 Baumarten zur botanisch weit gefassten Großpflanzenfamilie der Rosengewächse *(rosaceae)*. Die Geschichte der Wildbirne *(Pyrus pyraster)* ähnelt weitgehend der des Apfels. Ihre Verbreitung reicht von Westeuropa bis zum Kaukasus. In Nordeuropa kommt sie nicht vor, da sie wärmebedürftiger ist als der Apfel.

Der früheste, eindeutige Fund einer Kulturbirne stammt aus der Bronzezeit vom Bodensee. (900–600 v. Chr. – Pfahlbau Bodnan) Im alten Rom kannte man 35 Kultursorten.

Eine besondere Kostbarkeit zum Thema Birne, die von der Frömmigkeit einer Region zeugt, befindet sich in der aus dem Barock stammenden Kirche in Scharten/Oberösterreich. Dort bewahrt man einen wahren Schatz der Marienverehrung auf: eine aus dem 16. Jh. stammende, elegant aus einem Pappelstock geschnitzte, spätbarocke Madonna, der das Jesuskind eine Birne. als Symbol für Erlösung entgegenhält. Maria ist die neue Eva. Das Bildnis zeugt aber auch vom Obstreichtum der Region. Vom Typus her handelt es sich um eine Mondsichelmadonna, die, von einem Strahlenkranz umgeben, auf einer schmalen Mondsichel steht.

Mostbirnen sind ein wichtiger Bestandteil für gute Moste.

Ein barockes Kleinod, die Birnenmadonna Maria mit dem Kinde lieb, Scharten.

Ein kurzer Überblick zur Geschichte des Mostes

Das Wort Most selbst geht auf die Römer zurück und leitet sich von dem lateinischen Wort *mustus* ab, das so viel heißt wie *frisch* oder *neu*.

Keltischen Stämmen in Baden ist im 1. Jh. v. Chr. die Erfindung des Holzfasses für die Lagerung von Vergorenem nachzuweisen. Man sieht darin den Hinweis auf keltischen Obstwein – für unseren Most wäre das die Stunde null.

Mittelalter

Auch wenn in den hochmittelalterlichen Liedern der Minnesänger *birenmost* und *epfeltranc* besonders gerühmt wurden, waren Wein und Bier bis 1600 die dominierenden geistigen Getränke in Oberösterreich.

17. Jahrhundert

Der wirkliche Durchbruch des Mostes erfolgte. Es entstanden viele bäuerliche Mostschänken.

1648: Das Wirtschaftsleben Mitteleuropas wird im 30-jährigen Krieg zugrunde gerichtet. Klimaeinbrüche vernichten Rebflächen, Streuobstwiesen bleiben erhalten und sichern mit Dörrobst, Most und getrockneten Trebern die Ernährungslage im Winter.

1677: Stift St. Florian schickt eine Probe des „*Winiwizbirnen-Mostes*" als Geburtstagsgeschenk an den Kaiser nach Wien.

18. Jahrhundert

1724: Es erfolgt ein folgenschwerer Kälteschub, der in Oberösterreich einen jähen Einbruch des bis dahin blühenden Weinbaus auslöst.

1763: Kaiserin Maria Theresia verordnet die Anpflanzung von Obstbäumen entlang sämtlicher Landes- und Bezirksstraßen der Donaumonarchie. Sie erkannte den Wert der Steuerquelle Most.

Kaiser Joseph II. macht es per Hofdekrete **1784 und 1789** in seinen *Josephinischen Agrarreformen* jungen Eheleuten zur Pflicht, mindestens zwei Obstbäume zu pflanzen und zu unterhalten.

19. Jahrhundert

Zahlreiche Bauernbaumschulen entstehen.

Die Eröffnung der Eisenbahnstrecke Wien–Linz im Jahre 1858 sorgt für eine rasche und bequeme Verfrachtung der Mostfässer und generierte so neue Konsumentenschichten.

1870: Die letzte Rebfläche Oberösterreichs in Aschach an der Donau wird gerodet.

20. Jahrhundert

1912: Eine k. u. k. Mostbirnenschau in Linz zählt 1500 Sorteneinsendungen. 48 % dieser Züchtungen kommen alleine aus Oberösterreich und dem niederösterreichischen Mostviertel.

1923: Die Freigabe von Hausbrandkontingenten zielt auf den Erhalt des Streuobstbestandes zur Versorgung in Notzeiten ab.

Die **1920er- und 30er-Jahre** sind als eine Zeit des „*Mostbooms*" anzusehen. Most ist in dieser wirtschaftlichen

Kleinhäuslerfamilie vor ihrem „Sacherl", umkränzt von Obstbäumen. Nachlass M. Schlatt, Micheldorf.

St. Marienkirchen an der Polsenz im Jahr 1908.

Reich verziertes Mostfass und einspindelige Mostpressen im Mostmuseum, St. Marienkirchen a. d. Polsenz.

Notzeit das billigste alkoholische Getränk. Im Gasthaus oder beim Bauern wird *„a Seitl Most, damit´s ned vü kost´“* getrunken.

Nach 1950: Die langsam an Geld und Selbstwertgefühl reicher werdenden Wirtschaftswunderkinder neigen zu teurerem Bier, Wein, Limonaden und dergleichen. Der Most wird als ärmlich-bäuerlich angesehen und ist nicht mehr in. Er wird nur mehr in kleinen Mengen als *„Haustrunk“* konsumiert.

Nach 1970: Es gibt immer wieder Versuche, durch Hebung der Produktqualität und Verbesserung des Marketings dem Most auf die Sprünge zu helfen. Dazu gehören auch die Vergabe des oberösterreichischen Mostgütesiegels, Landesmostkosten sowie die staatliche Obstweinkontrolle auf Basis der Weingesetzesnovelle 1994.

Ab Mitte der **1980er-Jahre:** Mit dem Aufkommen eines neuen Umweltbewusstseins wird der Most allmählich wieder geschätzt. Neue Mostschänken entstehen, Mostpioniere fungieren als Zugpferde, die Qualität und Vielfalt steigt. So kann er wieder zu Ehren kommen, der Most, als ein letzter kleiner Rest einer reichen oberösterreichischen Bauernwelt: *„S´ is a himmlische Kost, a Trumm Speck und a Most.“*

Detail eines geschnitzten Holzlusters mit Früchten von Hans Mayrhofer-Irrsee im Besitz der Familie.

Baumbestand & Sortenvielfalt

Die sogenannten Baumzügler, also jene die Bäume aufziehen und veredeln, holten sich die Wildlinge, die sie für die Veredelung benötigten, direkt aus dem Wald. Der Umschlagplatz in Oberösterreich war dafür die Stadt Wels, wo man sie als Welser Stecken an den Mann brachte.

Im 18. Jh. verkauften herumziehende Baumhändler Sämlingsbäume an Bauernbaumschulen. Viele Bäume blieben unveredelt, was eine enorme Vielfalt an Mostobstsorten zur Folge hatte. Ausgepflanzt wurde auf Wiesen und Äckern, wodurch im Laufe der Jahrhunderte die für weite Teile des Landes typische Streuobstlandschaft entstand.

„Nach der Methode der genetischen Pflanzengeographie", so erklärt H. L. Werneck[1], *„haben jene Gebiete, in welchen die größte Zahl von bodenständigen Varietäten einer Art gefunden werden, die größte Wahrscheinlichkeit für sich, dass dort auch der Entstehungspunkt der Art selbst zu suchen ist."*

Die erste Baumzählung ist nach Angaben der Landwirtschaftskammer für Oberösterreich die des Jahres 1938.

Streuobstbestand

Zählung 1938	**3,4 Millionen**
Zählung 1968	**1,8 Millionen**
Schätzung 1986	**ca. 1,2 Millionen**

Leider wurde seit 1938 keine Vollerhebung der Obstbaumbestände in Oberösterreich durchgeführt.

[1] Heinrich L. Werneck, Sozial- und Wirtschaftswissenschaftler, geb. am 14. 3. 1890 in Herzogenburg (Niederösterreich), gest. am 14. 3. 1966 in Linz. Werneck studierte ab 1910 an der Hochschule für Bodenkultur (heute: Universität für Bodenkultur) in Wien, schloss sein Studium 1916 ab, promovierte 1923 und habilitierte sich 1941 an der Hochschule für Bodenkultur in Wien Ökologie und Klimatologie an der Reichsforschungsstelle für Landwirtschaft in Säusenstein bei Melk (Niederösterreich). 1945 wurde er aus dem Staatsdienst entlassen und 1948 in den dauernden Ruhestand versetzt. In der Folge widmete er sich seinen wissenschaftlichen Forschungen, wurde vom Österreichischen Archäologischen Institut, u. a. für die Fundstätte Lauriacum, als Berater herangezogen. Werneck veröffentlichte u. a. die Aufsätze ***Der Obstweihefund im Vorraum des Mithraeums*** zu Linz-Donau Oberösterreich (1955), ***Die wurzel-***

Nach dem Zweiten Weltkrieg wurden in den landwirtschaftlichen Betrieben immer mehr Arbeitskräfte abgebaut. Mit dem Wegfall der potentiellen Konsumenten sank allmählich auch die Menge des erzeugten Mostes. Das arbeitsintensive „*Obstklauben*" zahlte sich nicht mehr aus. Plantagenanbau und „*Obstentrümpelungsaktionen*" verdrängten die Streuobstwiesen und den Hochstamm, wertvolles Sortenmaterial wurde vernichtet.

Aber auch heute noch fallen Bauprojekten, dem Straßenbau, Grundzusammenlegungen und der fortschreitenden Intensivierung der Landwirtschaft Obstbäume zum Opfer.

Weiters werden aufgrund von Baumkrankheiten wie Feuerbrand und Birnengitterrost Bäume entfernt.

In Oberösterreich dürfte es heute schätzungsweise noch an die 600 Mostapfel- und 400 Mostbirnensorten geben. Viele davon sind sortenkundlich nie beschrieben worden und werden wohl verschwinden.

Wertschaffung

Besonders gepriesen wird die Mostergiebigkeit des Raumes von Scharten. Dort wurden auf einer Viertelquadratmeile in einem guten Obstjahr 5600 Eimer Most erzeugt. Pillwein[2] nennt die zur Hälfte evangelische Pfarre Scharten „*die erste Baumschule des (Hausruck) Kreises, ja des ganzen Landes Oberösterreich*". Tatsächlich wird ein Besuch der Scharten, wie die Gegend im Volksmund heißt, zur Zeit der Baumblüte jedem unvergesslich bleiben.

In guten Mostjahren übertraf diese Wirtschaftssparte den Ertrag einer durchschnittlichen Getreideernte. Um 1900 fand ein reger Obsthandel statt. „*Viele Sorten der in Oberösterreich erzeugten Äpfel sind als Wirtschaftsobst eine gesuchte Verkaufsware, die in großen Mengen auf der Donau nach Wien, Passau und andere Orte verführt wird." (Krakowitzer)*

Obstbauern, im Volksmund auch Mostbarone genannt, verdankten ihren Reichtum dem Birnbaum. Die eindrucksvollen Vierkanter entstanden. So wird auch heute noch als Erinnerung an jene Zeit das geflügelte Wort „*Diese Häuser hat der Most gebaut*" benutzt.

---

und kernechten Stammformen der Pflaumen in Oberösterreich (1961) und **Die Stammformen der bodenständigen Mostbirnen in Oberösterreich, Niederösterreich und der Steiermark** (1962) im Jahrbuch des Oberösterreichischen Musealvereins. ***Text:* Literaturarchiv der Österreichischen Nationalbibliothek (September 2010)** [2] **Geschichte, Geografie und Statistik des Erzherzogtums Österreich ob der Enns und des Herzogtums Salzburg.** Linz 1827-33, Bd. 3 **„Der Hausruckkreis".**

Handwerksberufe im Zusammenhang mit Obstverarbeitung

Zahlreiche Handwerksberufe standen im Zusammenhang mit der Mosterzeugung:

Der Hafner

Erzeugt neben anderen Gebrauchskeramiken die Mostkrüge. Jene großen, bauchigen aus glasiertem Ton oder Steinzeug. Solche Krüge sind typisch für das oberösterreichische Bauernhaus.

Der Mostkrug

Der Mostkrug fehlte bei keiner Jause, ob auf dem Feld oder im Haus.

Großer Mostkrug mit blauen Ornamenten aus dem Mostviertel bei Amstetten, mit dem Drahtgeflecht eines Rastelbinders.

Kleiner Mostkrug mit Pflanzenornamenten aus der Sammlung des Autors, Herkunft unbekannt.

Mostkrug aus grauem Steingut. Ein sogenannter Passauer Krug, Sammlung Alois Feldbauer.

Mostkrug „aus dem Böhmischen“ mit Ritzverzierung und farbiger Glasur, Besitz Fam. Hoffelner, Leopoldschlag.

Moderner Mostkrug aus dem Besitz Familie Schöllhammer, Leopoldschlag.

Krug aus grauem Steinzeug, Passauer Krug, von einem Rastlbinder mit Draht und Blechgriff ergänzt (aus dem Besitz des Autors).

Der Rastlbinder

Mit Anfang des 19. Jhs. tauchte der Beruf des Rastlbinders auf. Das Wort kommt eigentlich von aus Draht gefertigten Untergestellen für Bügeleisen, welche man Rastel nannte. Heute ist dieser Beruf weitgehend in Vergessenheit geraten. In früheren Zeiten waren Mostkrüge oder Schüsseln kostbar. Um Beschädigungen zu vermeiden, ließ man oft schon um neu erworbene Gefäße ein kunstvolles Drahtgeflecht knüpfen. Die sogenannten Rastelbinder, die, aus der Slowakei kommend, durch die Lande zogen, um ihre Dienste anzubieten, waren meist gleichzeitig Kesselflicker, die in den Höfen der Häuser ihre Arbeiten ausführten. Manche vermochten mit großem Geschick auch zerbrochene Krüge wieder zusammenzufügen. Außerdem verstanden sie es, Mausefallen aus Draht zu fertigen und verschiedene andere Metallarbeiten wie Löten oder Stanzen auszuführen. Es war der Vorgängerberuf des heutigen Spenglers.

Der Fassbinder

Der Binder ging beim Mostbauern wortwörtlich ein und aus. Er stellte die Fässer für die Mostlagerung her. In der Zeit der Fassleere, das heißt, hauptsächlich vor der neuen Ernte, wurden die Fässer überholt und die Reifen geprüft. Auch das übrige Mostgeschirr wurde vom Binder verfertigt und überprüft. Die Blätter der Rohrkolben *(Typha latifolia)*, auch Binderbast genannt, wurden im Binderhandwerk zum Abdichten der Fassdauben verwendet. Seit dem Rückgang der Mostwirtschaft bzw. aufgrund des Umstiegs von Holzfässern auf Kunststoff- bzw. Edelstahlfässer gehört das Binderhandwerk zu den sogenannten weichenden Gewerben.

Um den Most gut zu lagern, waren Eichen- oder Eschenfässer früher sehr gefragt. Die bauchigen, in St. Marienkirchen gefertigten Fässer hatten einen besonderen Ruf. Aber auch in anderen Gegenden war dieses Handwerk verbreitet. Bei den Eschen wurden die Wiesen- oder Au-Eschen bevorzugt. Diese zeichneten sich durch hohe Zähigkeit und Elastizität aus. Im Gegensatz dazu ist das Eschenholz, welches auf trockenem Boden wächst, eher spröde. Ob der Standort bei den Eichen eine Rolle spielte, ist nicht mehr bekannt.

Eine Fassbinderfamilie posiert mit ihren Gehilfen vor ihren Werken. Im Bild wieder der allgegenwärtige Mostkrug. Hier sogar zwei Stück in den Händen des Mannes und am Boden. Im Bild auch Werkzeuge wie Hobel und Maßstab. Rechts an einem der Fässer ein Zimmermannszirkel.

Der Zimmermann

In erster Linie jener, der kunstvolle Stadel und Dachstühle errichtete, konstruktiven Holzschutz betrieb und hohes handwerkliches Können durch kunstvolle Holzverbindungen zeigte. Mancher Zimmermann setzte sich mit von ihm gestalteten Mostpressen geradezu Denkmäler.

Detail einer reich geschnitzten, zweispindeligen Mostpresse in Zell am Moos. Sammlung Mayrhofer, Zell am Moos, Oö.

Der Steinmetz

Er gestaltete kunstvolle Torbogen und Türrahmen aus Stein, fertigte Tröge aus Granit. Auch die Erzeugung von Obstreiben aus Granit und die Sockel mancher Mostpressen sind Werke der Steinmetze.

Handbehauener Mahlstein einer Obstmühle, Mostmuseum St. Marienkirchen a. d. Polsenz.

Das Presshaus

Bauliche Besonderheiten: Das Presshaus verdient als Hauptstätte der Mostbereitung Beachtung. In der Regel besitzen die Presshäuser zwei Etagen. Zu ebener Erde stehen die Presse und sämtliche Geräte, die der Mosterzeugung dienen. Durch das Spundloch wird der ausfließende Saft mit einem Schlauch direkt in die Fässer des unter dem Pressraum gelegenen Kellers geleitet. Dr. Ferdinand Krackowizer zitiert in seiner wirtschaftlichen Studie Most von 1899 Karl Foltz, langjährigen Sekretär der k.k. Landwirtschafts-Gesellschaft, folgendermaßen:

„In den oberösterreichischen Bauernhäusern finden sich unterirdisch geräumige Keller zur Einlagerung des Obstmostes, des Sauerkrautes, der Kartoffeln, des Gemüses und der Milch. Oberhalb des Mostkellers ist das Presshaus angebracht, in dessen Mitte der sogenannte Rosswalzel, eine mühlsteinähnliche Scheibe von 1,5 Meter im Durchmesser steht, welche, durch ein Pferd in Bewegung gesetzt, zum Zermalmen des Obstes verwendet wird. Von den Pressen läuft der Most in den Keller und direkt in Fässer, für deren gute Aufbewahrung in leerem Zustande durch trockene und feuersichere Räume gesorgt wird. Auf eine derartig zweckmäßige und die Arbeit fördernde Einrichtung des Presshauses wird ein umso größerer Wert gelegt, als die jährliche Erzeugung an Cider in jedem größeren Bauernhause gegen hundert, in nicht wenigen sogar an 1 000 Hektoliter beträgt.“

Rosswalzel im Mostmuseum
St. Marienkirchen an der Polsenz.

Der Most im Alltag

Es war der Brauch bei der Feldarbeit, dass alle gemeinsam aus einem Krug tranken.

Wenn sich die Dienstboten im Spätherbst zum Dreschen einfanden, gewannen sie den Elan für ihre Dreschertänze aus dem Most. Dann wurden in der Stube die Dirndln zu den Klängen der Ziehharmonika herumgewirbelt und Gstanzln vorgetragen.

Wohl genossen Knecht und Bauer, wenn sie ins Wirtshaus gingen, auch gutes Bier, aber zu Hause am Hof war und ist es heute noch der Most, der dem Alltag einen besonderen Zauber gibt und gab.

Inmitten üppig blühender Streuobstbeständen thront der stattliche Firlingerhof bei Scharten.

Ästhetische Aspekte

Dr. Ferdinand Krackowizer schrieb im Jahre 1899:

„Unter den Ländern der Habsburger Krone ist wohl eines der schönsten und gesegnetsten das Erzherzogthum Oesterreich ob der Enns. Wohin das Auge blickt, lachende Fluren, wohlgepflegte Felder und Wiesen, die Arbeit des fleißigen Landwirtes lohnend. Im Frühling aber gleicht das „Landl", wie der Oberösterreicher seine Heimat gerne nennt, völlig einem Garten. Meilenweit sieht der Wanderer unzählige Blütenbäume, welche Wiese und Feld einsäumen oder längs der Straßen und Wegraine sich hinziehen. Manche Obstbäume sind so dicht mit Blüten überladen, dass sie wie mit frischem Schnee bedeckt aussehen."

Auch heute noch ist es beeindruckend, unter Mostbirnbäumen zu wandern, manche sind uralt und bis zu 45 m hoch. Sie haben als Naturdenkmäler die Zeit überlebt, die ältesten von ihnen sind 270 bis 320 Jahre alt. Wenn man bedenkt, dass diese bereits zu Zeiten Maria Theresias gestanden sind, so überkommt mich Ehrfurcht und stille Dankbarkeit, wenn ich vor ihnen stehe.

Mythen

Der heilige Urban wird, sonst Patron des Weines und der Winzer, auch mit dem Obstmost in Verbindung gebracht. Ein schönes Beweisstück dafür ist neben dem Urban-Fass aus Wels auch eine figural bemalte Truhe, ebenfalls aus der Welser Gegend, die nicht nur arbeitende Binder, sondern auch den hl. Urban zeigt, zu einer Zeit, als dort der Weinbau längst erloschen war.

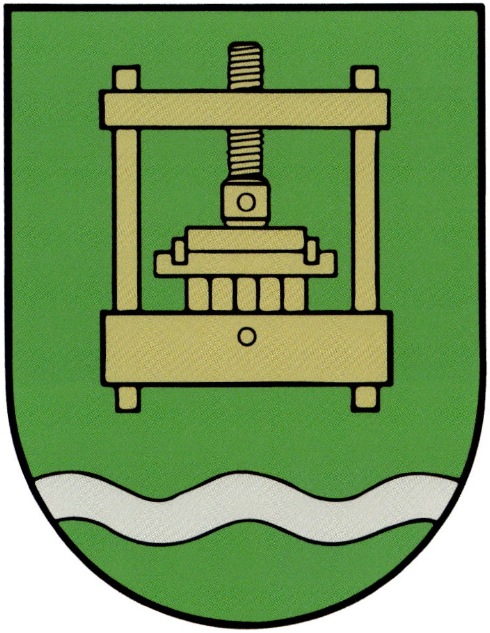

Die Naturparkgemeinde St. Marienkirchen an der Polsenz hat die Mostpresse im Wappen.

Tanz unter dem Baum,
Linolschnitt von Josef Limberger, 1990.

Sprüche, Weisheiten, Geschichten

Das schönste Lob des Mostes hat Franz Stelzhamer formuliert:

„Dös beste Getränk,
wann i wiadawöll denk,
wann i nur a wen´g kost,
is allweil der Most."

Für ein Liebesorakel schlichen sich junge Männer unter einen Birnbaum, Mädchen zu einem Apfelbaum. In den Raunächten zwischen Weihnachten und Neujahr holten sie sich Auskünfte über das kommende Jahr. Sie schlüpften aus ihren Holzschuhen und warfen diese auf den Baum. Blieben sie in den Zweigen hängen, so würde im nächsten Jahr ein schöner Jüngling an einem Mädchen hängen bleiben bzw. ein schönes Mädchen an einem Jungen.

Moste aus *„Holzapfel- und Mostbirnbäumen"* waren häufig so bitter und sauer, dass sie, wie Berichterstatter aus dem Machland im 18. Jahrhundert schrieben, die *„Mäuler zusammenziehen, als ob man den grimmigen Tod pfeifen wollte"*.

„In Gottes Nam
fang ich das Mostpressen an.
Die Preß mit ihrer Kraft
drückt heraus den Apfel-
und Birnensaft."

Inschrift auf der Presse des Hauses Bruckner, St. Georgen am Ybbsfeld.

„Das Most machen ist ein lustiges Werg,
wer dabey zuviel trinkt, den wirfts um d´Erd."

Inschrift auf einer Vierspindelpresse aus Kronstorf, datiert 1841.

Franz Stelzhamer, der große oberösterreichische Mundartdichter, auf einer Aufnahme um 1865.

Das Gefühl, in eine Kirsche zu beißen

Scharten als Zentrum des Kirschenanbaus in Oberösterreich

Dieser leichte Widerstand der Haut, die das saftige Fleisch umhüllt, und dann das Platzen und der wohlschmeckende säuerliche oder süße Geschmack des Saftes im Mund. Eine wahre Wohltat für Auge und Gaumen. All die Köstlichkeiten, vom Kirschkuchen über das Kompott im Winter bis zum hochgeistigen Schnaps oder Likör beschert uns diese Frucht. Das Naschen kann man sich mit ruhigem Gewissen gönnen. Kirschen haben viel Eisen und Kalium, aber wenig Kalorien.

Scharten ist eine Hochburg der Kirschen in Oberösterreich. Doch hier hat sich einiges geändert. Die oft gefährliche Arbeit des Kirschpflückens in der Vergangenheit, mit schmalen, langen Leitern bis in die Kronen der hochstämmigen Kirschbäume, die oft beachtliche Größen erreichten, ist heute der ertragreichen Plantagenwirtschaft gewichen, die reiche Ernte von kurzlebigen, am Spalierdraht gezogenen Spindelbäumen verspricht.

Kirschenplantagen wie hier in Scharten geben der Landschaft ein neues, maschinengerecht strukturiertes Bild.

Reich blühender Kirschbaum bei Scharten.

Wussten Sie eigentlich, dass Kirschbäume den Untergrund festigen und mit ihren Wurzeln zusammenhalten? Die Umgebung von Scharten weist meist steile, rutschgefährdete Hänge auf. Auch dies ist ein Grund für die vielen Kirschbäume, die hier im Frühling die Landschaft mit ihren weißen Blüten zieren. Für die Bauern zwischen Scharten und Buchkirchen war und ist die Kirsche eine der Haupteinnahmequellen. Früher gab es bei den großen Kirschbaumbeständen sogenannte Kirschhäuschen, dort wachte man in der Zeit der Ernte, damit nicht allzu viele Kirschen gestohlen wurden. Auch gegen die Starenschwärme zog man, oft mit der Flinte bewaffnet, zu Felde. Sorten, wie die Schartner Rainkirsche oder die Pfelzerkirsche, eine großfruchtige Knorpelkirschenart, sind hier beheimatet.

Der Naturpark Obst-Hügel-Land bemüht sich seit mehreren Jahren, diese alten Kirschensorten wieder zu züchten und im Rahmen von Obstpflanzaktionen für deren Weiterbestand zu sorgen.

Ernte- und Kirschenhütte mit Wächtern, Kronbergerhof um 1930.

Dieser Vogel frisst keine Kirschen – vermutlich wurde dieser wunderschön satilisierte Star von einem Landwirt in langen Wintermonaten aus Holz gefertigt. Besitz Fam. Standhartinger, Peuerbach.

Die Bauern waren sich in früheren Zeiten durchaus der nützlichen Seite der Stare bewusst und bauten ihnen liebevolle Starenhäuser. Sammlung Mayrhofer, Zell am Moos.

Ein seltener Gast. Dieses Braunkehlchen (Saxicola rubetra) nutzt ein junges Apfelbäumchen als Ansitzwarte. Wenn der Baum heranwächst wird es sich allerdings ein neues Revier suchen müssen, denn als Wiesenbrüter bevorzugt es freie Sicht, Buchers, Tschechien nahe der österreichischen Grenze.

Die Streuobstwiese als Lebensraum für Tiere

Bunte Sänger – die Welt der Vögel

Der vom Menschen geschaffene Lebensraum Streuobstwiese beherbergt eine stattliche Zahl von verschiedenen Vogelarten. Solchen, die ihre Nester in die Kronen der Bäume oder im Inneren von Sträuchern bauen, und solche, die das Höhlen- und Nischenangebot alter Obstbäume nützen. Eigentliche Waldbewohner haben neben Vögeln des Waldrandes und des Offenlandes das reiche Nahrungs- und Insektenangebot dieser Bereiche erkannt und sie besiedelt. Einige wenige Arten nicht unbedingt zur Freude des Menschen. Schon seit jeher hat der Mensch, zusätzlich zu den natürlichen Nistgelegenheiten, den Vögeln künstliche Nisthilfen angeboten, sich dessen bewusst, dass sie Helfer sind im Kampf gegen Schadinsekten. Auch wenn mancher von ihnen die eine oder andere Frucht für sich erobert – der Nutzen überwiegt. In den Zeiten der chemischen Keulen und des Giftspritzens ist der Vogel als Hilfe gegen Insekten leider allzu oft in Vergessenheit geraten. Natürlich darf man darüber nicht außer Acht lassen, dass es auch in früheren Zeiten durch Aberglauben verursachte Handlungen gab, die Tiere manchmal barbarisch behandelten, weil die eigene Seele gefangen war in Aberglauben und Angst. So wurden Eulen zum Schutz vor bösen Geistern oft an Scheunentore

Grünspecht, Illustration von Theresa Limberger.

Weibliche, futtertragende Amsel (Turdus merula) bei Peuerbach.

genagelt. Und auch heute sieht man bei Siloballen tote, aufgehängte Rabenkrähen zur Abschreckung ihrer Artgenossen.

Das gefiederte Volk in den Streuobstwiesen anhand einiger ausgewählter Arten

Die etwa 25 cm große Amsel *(Turdus merula)* war früher ein typischer, scheuer Waldbewohner. Heute ist sie einer unserer häufigsten Singvögel und in Parks und Gärten ebenso zuhause wie in den Streuobstwiesen. Das Federkleid des Männchens weist ein kräftiges Schwarz auf, kombiniert mit einem leuchtend gelben Schnabel. Auch das Auge ist von einem gelben Ring umgeben. Das Gefieder des Weibchens, welches die Brutarbeit verrichtet, ist in noblen Brauntönen gehalten. Ihre Brust ist mehr oder weniger, je nach Individium, gesprenkelt. Damit ist sie im Nest, welches sie in Sträucher, in Bäume, aber auch in die Nischen von Gebäuden baut, vortrefflich getarnt. Der kräftige, eindringliche Gesang, welchen das Männchen vorwiegend in den Morgen- und Abendstunden vorträgt, ist fast von jedem Dach, oft auch von Bäumen zu hören, auf deren Spitze er nach Drosselart, zu deren Familie die Amsel gehört, vorgetragen wird. Zur Hauptnahrung der Amsel gehören Insekten und Würmer, aber auch die eine oder andere Beere lassen sie sich schmecken. In letzter Zeit setzt den Beständen allerdings ein aus Afrika eingeschleppter Virus, der Usutu-Virus zu.

Eine Geschwisterart, weil auch zu den Drosseln zählend, ist die Wacholderdrossel *(Turdus pilaris)*. Sie erscheint vor allem im Herbst und im Winter in unseren Obstgärten, um von den am Baum verbliebenen Äpfeln zu naschen oder sich im Winter am liegen gebliebenen Fallobst gütlich zu tun.

Der nur etwa 14 cm große Gartenrotschwanz *(Phoenicurus phoenicurus)*, welcher ebenfalls zu den Drosselvögeln zählt, ist ein Juwel unserer Streuobstwiesen. Leider gehen seine Bestände vielerorts massiv zurück. Er weist mit rotbraunen Flanken und einer orange gefärbten Brust, seinem blaugrauen Rücken, seinem schwarzen Gesichtsfeld und seinem weißen Zügel auf der Stirn ein wahrhaft farbenprächtiges Federkleid auf. Die Färbung seines Schwanzes trägt er ja schon in seinem Namen. Das Weibchen hingegen ist viel unauffälliger und blasser in hellem Grau gezeichnet und weist nur geringe Spuren von Rot

Wacholderdrossel (Turdus pilaris)

Ein futtertragendes Weibchen des Gartenrotschwanzes (Phoenicurus phoenicurus), Unterbubenberg/Steegen.

auf der Brust auf. Als Insektenfresser ist der Gartenrotschwanz wie viele andere Vogelarten Opfer der intensiven, chemieorientierten Landwirtschaft geworden.

Im oberösterreichischen Naturpark Obst-Hügel-Land weist er die bedeutendsten Bestände unseres Bundeslandes auf. Hier findet er noch genügend Nischen und Höhlen sowie ein reiches Insektenangebot, um seine Jungen großzuziehen.

Der Verdränger – Der Hausrotschwanz *(Phoenicurus ochruros)* kommt mit den heutigen Umweltbedingungen im Umfeld der Höfe anscheinend besser zurecht als der Gartenrotschwanz. Vielerorts ist er im Vormarsch und verdrängt den viel bunteren Gartenrotschwanz aus der Landschaft. Eine Reaktion auf jene Bedingungen, welche der Mensch in der Landschaft schafft. Das Gefieder des Männchens wirkt durch seine dunkle Färbung fast mystisch.

Das prächtig gefärbte Männchen des Gartenrotschwanzes (Phoenicurus phoenicurus), Unterbubenberg/Steegen.

Ein Männchen des Hausrotschwanzes (Phoenicurus ochruros), Bubenberg/Steegen.

Wie Gold leuchtet das Gefieder des Männchens der Goldammer *(Emberiza citrinella)* im Licht des Tages, wenn es zur Paarungszeit seinen Gesang von einem Baum oder einem Weidezaun aus vorträgt. Früher hat man diese immer wiederkehrenden Strophen mit *„Wie, wie, wie hab ich dich lieb"* übersetzt. Was viele nicht wissen, ist die Tatsache, dass Vögel Dialekte ausbilden können, die landschaftsbezogen immer etwas anders klingen. Goldammern singen auch noch im Hochsommer, wenn die Gesänge der anderen Vogelarten nach dem erfolgreichen Ausfliegen der Brut langsam verstummen, denn der Gesang der Vögel dient nicht der Schönheit, sondern der Dominanz bei der Besetzung eines Reviers. Männchen tragen ihn oft von erhöhten Punkten in der Landschaft vor. Durch ihr oft kräftig gefärbtes Federkleid und die exponierte Singwarte sind sie ein bevorzugtes Angriffsziel für Beutegreifer im Gegensatz zu den heimlich brütenden und unscheinbar gefärbten Weibchen.

Goldammer (Emberiza citrinella), Sallet bei Peuerbach.

Hans Dampf in allen Gassen – schon lange nicht mehr

Die beiden Sperlingsvögel, im Volksmund schlicht Spatzen genannt, sind meist im Umfeld von Gehöften und kleinen Ortschaften zu finden.

Der Feldsperling *(Passer montanus)*, der Anpassungsfähigere der beiden Arten, brütet in Sträuchern, in Obstgärten, in Baumhöhlen, in Mauernischen und Gehölzen in der Nähe von Gehöften. Neben Sämereien und Körnern nimmt er auch Beeren zu sich. Zur Jungenaufzucht erbeutet er Insekten und füttert damit die Brut. Er ist leicht an den braunen Wangenflecken und der braunen Kopfkappe zu erkennen. Sperlinge sind übrigens Koloniebrüter und auch auf Futtersuche in größeren Trupps anzutreffen.

Feldsperling (Passer montanus) in einem Apfelbaum, Unterbubenberg/Steegen.

Haussperling (Passer domesticus), Männchen und Weibchen, Kerkini/Griechenland .

Voraussetzung für den Haussperling *(Passer domesticus)* ist, neben vorhandenen Brutgelegenheiten, die ganzjährige Verfügbarkeit von Sämereien. Deshalb ist er ein echter Kulturfolger, der auch die Städte bevölkert. Dass die Bestände dieser sehr anpassungsfähigen und an den Menschen gebundenen Vögel starke Rückgänge verzeichnen, sollte uns zu denken geben. In der Anfangszeit der Jungenaufzucht füttert der Haussperling übrigens seine Jungen ausschließlich mit Raupen, Sämereien folgen erst später.

Weiblicher Haussperling (Passer domesticus) an einem Apfel, Peuerbach.

Ein Sperbermännchen (Accipiter nisus), die Weibchen sind deutlich kräftiger gebaut. Sie sind gewandte Vogeljäger und jagen auch gerne in Streuobstbeständen, Bubenberg/Steegen.

Ein Vogel, der sich in den letzten Jahren immer mehr dem Siedlungsraum anpasst, ist die Elster *(Pica pica)*. Sie wird nicht immer gerne gesehen, da sie auch tierische Kost, sprich Jungvögel, verspeist. Auf diesem Foto balzt ein Männchen ein Weibchen an. Trotz der Häufigkeit dieses schönen Rabenvogels ist ein derartiges Verhalten selten zu beobachten. Auf Mist- und Komposthaufen findet sie reichlich Nahrung.

Unter den gefiederten Beutegreifern der Streuobstwiesen verdient der Sperber *(Accipiter nisus)* noch unsere Aufmerksamkeit. Er ist ein auf Singvögel spezialisierter, rasanter Räuber der Lüfte, der seine Überraschungsangriffe mit hoher Geschwindigkeit durchführt. Meist fallen ihm aber unvorsichtige oder schwache Vögel zum Opfer. Daher sorgt er wie viele Beutegreifer für die Gesunderhaltung der Bestände.

Bei dem an sich häufigen Vogel, der Elster (Pica pica), ist das Paarungsspiel eher selten zu beobachten.

Streuobstbestände bieten vielen Pflanzen und Tieren Lebensraum und sind wichtige Elemente unserer Landschaft. Unversiegelte Wege bilden einen weiteren, wichtigen Landschaftsaspekt, Breitenaich.

Juwelen der gefiederten Welt

Drei besondere Arten sind immer wieder in Streuobstwiesen Oberösterreichs zu beobachten. Ob als Durchzügler oder Brutvogel.

Der Vogel der Weisheit, der Steinkauz *(Athene noctua)*, erfährt nach jahrelangem intensivem Rückgang durch massive Schutzbemühungen in letzter Zeit wieder einen leichten Aufwärtstrend. Nun kann man in einigen Gebieten wie im Machland oder im Eferdinger Becken wieder mit Sichtungen dieser hübschen, kleinen Eule rechnen.

Ursprünglich ein Bewohner von größeren Baumhöhlen, nimmt der Steinkauz gerne spezielle Nistkästen an. Allerdings sollten auch Großinsekten und Mäuse für die Nahrung zur Verfügung stehen. Straßenverkehr kann den Jungvögeln, die gerne am Boden sitzen, zum Verhängnis werden. Um die einzelnen Individuen unterscheiden zu können, werden die Jungvögel mit Farbringen markiert.

Aufmerksam schaut dieser Steinkauz (Athene noctua) in Richtung des Fotografen. Vielleicht hat ihn das Klicken des Auslösers aufmerksam gemacht.

Ein beringter juveniler Steinkauz (Athene noctua) vor einer künstlichen Brutröhre. Die farbigen Ringe dienen der besseren Unterscheidbarkeit einzelner Individuen. Umfeld Naturpak Obst-Hügel-Land.

Ein Wiedehopf (Upupa epops) bei der Nahrungssuche, 2017 in der Umgebung von Wels fotografiert.

Der Wiedehopf (Upupa epops) – bunt wie ein Schmetterling mit einer Vorliebe für Maulwurfsgrillen

Er ist wahrlich eine Zierde mit seinem prächtigen Federkleid und seiner Federhaube, die er bei Aufmerksamkeit oder Erregung aufrichten kann. Dieser schöne Rackenvogel braucht Baumhöhlen oder spezielle Nistkästen, um seine Jungen großzuziehen. In Oberösterreich wurden bis jetzt nur einige wenige Bruterfolge gezählt. In letzter Zeit ist er jedoch vermehrt im Durchzug zu beobachten und es bleibt die Hoffnung, dass auch der Wiedehopf bei uns wieder Fuß fassen kann. Die warmen Sommer begünstigen diese Aussicht.

Der Wendehals (Jynx torquilla) – rindenfarbig und klein wie ein Spatz

Einen Wendehals *(Jynx torquilla)* zu beobachten ist ein besonderer Glücksfall in Oberösterreich. In seinem Aussehen kaum daran erinnernd, gehört er doch zur Familie der Spechte. Er ist der einzige Weitstreckenzieher unter den europäischen Spechten und überwintert südlich der Sahara. Durch sein Federkleid ist dieser kleine Specht extrem gut getarnt. Wirklich nur etwas größer als der Sperling, besitzt er eine sehr lange bewegliche und klebrige Zunge, mit der er seine Beutetiere, verschiedene Ameisenarten, erwischt. Er ist ein Höhlenbrüter, der sich allerdings die Höhlen nicht selbst zimmert, und ist daher auf natürliche Baumhöhlen oder alte Bauten von anderen Spechten angewiesen.

Bestens getarnt und daher nur schwer zu entdecken, der rindenfarbige Wendehals (Jynx torquilla), Koaserin bei Peuerbach.

Was sonst im Obstgarten noch kreucht und fleucht

Natürlich würde das Bemühen, alle Tiere der Streuobstwiesen in einem Buch zu beschreiben, dessen Rahmen bei Weitem sprengen. Aber einige möchte ich Ihnen trotzdem noch vorstellen, da sie die Komplexibilität und das Gefüge dieses vom Menschen geschaffenen Lebensraumes in besonderer Weise unterstreichen.

Die Zweifarbfledermaus (Vespertilio murinus) ist ein typischer Spaltenbewohner, der gerne auch an Gebäuden siedelt. Der große Insektenreichtum bei Streuobstwiesen, besonders wenn sich ein Gewässer in der Nähe befindet, verspricht den Tieren reiche Beute.

Das Eichhörnchen (Sciurus vulgaris) ist des Öfteren in alten Streuobstwiesenbeständen und Hecken anzutreffen, besonders wenn dort auch Haselnüsse zu finden sind. Es durchstöbert solche Bereiche auch gerne, um Vogelnester aufzuspüren, denn ab und zu bessert ein Jungvogel das Nahrungsspektrum dieses Nagers auf.

Feldhasen (Lepus europaeus) finden in größeren Streuobstwiesen gute Deckung gegen Beutegreifer in unserer bereits sehr deckungsarmen Agrarlandschaft.

Hühnervögel, wie das Rebhuhn (Perdix perdix), eigentlich Vögel der Feldflur, nehmen in der kalten Jahreszeit oder zur Jungenaufzucht gerne die Umgebung weitläufiger Streuobstbestände an. Hier finden sie Deckung vor verschiedenen Beutegreifern aus der Luft.

In der Dämmerung geht die Erdkröte (Bufo bufo) auf Jagd nach Asseln, Würmern, Schnecken und Spinnen. Sie ist ein absoluter Nützling und oft viel effizienter als die leidigen Insektizide, welche bei ihrer Anwendung auch gleich die Nützlinge mit vernichten.

Hornissen sind viel besser als ihr Ruf. Im Volksmund sind sie als aggressiv und gefährlich verschrien. Früher hieß es sogar, dass drei Hornissenstiche ein Pferd töten können. In Wirklichkeit ist sie zwar ein wehrhaftes Tier, welches, wenn man nicht direkt vor dem Einflugloch ihrer oft beeindruckenden Bauten herumfuhrwerkt und sich ruhig verhält, äußerst friedlich ist. Fürchten brauchen dieses Raubinsekt eigentlich nur Wespen und andere Insekten, die zu ihren Beutetieren zählen.

Spinnen wie diese Gartenkreuzspinne (Araneus diadematus) erbeuten über das Jahr unzählige Insekten, welche sie in ihren kunstvoll gewebten Radnetzen fangen.

Schön gegliederte und mit Streuobstbäumen strukturierte Landschaft bei Leopoldsberg.

Insekten in Streuobstwiesen

Obstbäume brauchen Insekten. Ohne sie würden die Blüten der Apfel-, Birn- und Kirschbäume sowie anderer Arten nicht bestäubt werden und es gäbe kein Obst.

Schon früh begann der Mensch daher Bienen zu halten, um leichter an Honig zu kommen. Daraus hat sich eine Leidenschaft gebildet, die heute wieder eine Renaissance erlebt. Viele, auch junge Menschen versuchen sich heute in der Bienenhaltung, während die intensive Agrarindustrie mit ihren Giften diese unverzichtbaren Insekten an den Rand des Verschwindens bringt. Wenn diese Insekten sterben, wie mögen die schleichenden Gifte wohl auf den Menschen wirken?

Darstellung eines Bienenstockes von einem unbekannten Meister aus dem 14. Jh.

Vielfältige Bestäuber

Bei der Bestäubung von Blüten denken die meisten Menschen sofort an die Honigbiene, das Haustier des Imkers. Sie hat zweifellos eine große Bedeutung. Aber sie ist für die Bestäubung der Obstbäume bei Weitem nicht alleine verantwortlich.

Von den mehreren hundert heimischen Wildbienenarten gibt es eine ganze Reihe, die gerne die Blüten der Bäume

Die Europäische Honigbiene (Apis mellifera), das Haustier unter den Bienen. Unverzichtbare Bestäuberin und Honiglieferantin.

besucht. Verschiedene Sand-, Furchen- und Mauerbienen beispielsweise sind regelmäßig hier zu beobachten. Aber auch Fliegen und Schmetterlinge besuchen Obstbaumblüten. Damit die Wildbienen die Obstbäume bestäuben können, brauchen sie Nistplätze in der Umgebung. Die meisten nutzen erdige, trockene Stellen ohne oder nur mit schütterer Bodenvegetation bzw. Erdanrisse, um ihre Nester im Boden anzulegen. Die Zweifarbige Mauerbiene *(Osmia bicornis)* und viele ihrer nächsten Verwandten sind auf oberirdische Hohlräume wie kleine Löcher in abgestorbenem Holz angewiesen.

Effiziente Bestäuber sind auch die Hummeln, die einjährige Staaten bilden und zu den Bienen gehören. Ihr Vorteil für die Bäume und dadurch auch für uns Menschen ist, dass sie bereits bei wenigen Plusgraden aktiv sind. Das wirkt sich vor allem in einem kühlen Frühling sehr positiv aus, wenn es anderen Blütenbesuchern zu kalt ist. Hummeln nisten gerne in Mäusenestern, aber auch in alten Grasbüscheln sowie Laubhaufen. Deshalb sollten Strauchgruppen, Steinhaufen und andere Strukturelemente vorhanden sein. Aber auch Höhlen von Obstbäumen mit Vogelnestern werden als Nistplatz angenommen.

Paarung der Zweifarbigen Mauerbiene (Osmia bicornis).

Ein Imker bei seiner Arbeit, Peuerbach.

Alte Bäume sind wichtig!

Obstbäume haben für die Tiere den Vorteil, dass viele von ihnen alt werden dürfen. Dadurch gibt es hier immer wieder einmal einen abgestorbenen Ast oder einen teilweise abgestorbenen Stamm. Auch Baumhöhlen sind relativ häufig vorhanden. In diesem abgestorbenen Holz leben verschiedenste Käferlarven, darunter auch Borkenkäfer. Anders als bei der Fichte geht von diesen Arten keine Gefahr für gesunde Bäume bzw. gesunde Baumteile aus. Die durch die Fraßtätigkeiten entstehenden Löcher dienen Wildbienen, aber auch einzeln lebenden Grabwespen und anderen Arten, als Nistplatz. Die Grabwespen erbeuten für ihren Nachwuchs je nach Art Spinnen, Fliegen, aber auch Blattläuse und Thripse.

Die Grabwespe baut 15 bis 20 cm tiefe Erdröhren, darin befinden sich zwei bis vier Zellen in seitlich abgehenden Nebenröhren. In jede dieser Brutzellen werden betäubte Fliegen und Bremsen eingebracht, die den Larven beim Schlüpfen als Nahrung dienen. Das fertige Insekt saugt gerne an verschiedenen Doldenblütlern.

Das Weibchen einer Grabwespe (Crabro cribrarius).

Die zu den Wildbienen gehörenden Hummeln sind wichtige Blütenbestäuber, da sie bei niedrigeren Temperaturen als Honigbienen fliegen können. Sie können ihre Körpertemperatur durch Vibration der Brustmuskulatur aktiv erhöhen. Fliegen Bienen erst ab einer Temperatur von etwa 10°, können Hummelköniginnen bereits ab 2° und Arbeiterinnen schon ab 6° ausfliegen. Im Gegensatz zur Honigbiene bestäuben Hummeln und andere Wildbienen auch Blüten im Kroneninneren. Im Bild eine Baumhummel (Bombus hypnorum).

Eine Baumhöhle mit Mulm ist ein besonderer Lebensraum. Hier können sich die Larven von Rosenkäfern sowie des seltenen Juchtenkäfers *(Osmoderma eremita)* entwickeln. Für das Überleben des Juchtenkäfers spielen alte Streuobstwiesen eine herausragende Rolle. Da die Käfer einen sehr beschränkten Lebensraum haben und sich meist nicht weit von der Höhle, in der sie sich entwickelt haben, entfernen, ist es wichtig, dass alte Höhlenbäume in Streuobstwiesen belassen werden.

Eng an alte Streuobstwiesen gebunden, der sehr seltene Juchtenkäfer (Osmoderma eremita).

Alte Obstbäume sind ein Garant für Artenreichtum in den Streuobstwiesen und sollten daher nach Möglichkeit belassen werden, Peuerbach.

Blätter als Nahrungsgrundlage

Eine Reihe von Insekten ernährt sich von den Blättern der Obstbäume. Unbeliebt sind hier meist die Frostspanner, die zu Massenvermehrungen neigen können.

Ihre Raupen sind eine begehrte Nahrung für Meisen und andere Singvögel. Einige mittlerweile bei uns schon seltene Arten leben ebenfalls auf den Bäumen. Besonders auf Kirschen kann man unter Umständen noch die Raupen des Großen Fuchses *(Nymphalis polychloros)* finden. Im Gegensatz zu seinem kleineren und noch häufigen Verwandten, dem Kleinen Fuchs, fressen die Raupen des Großen Fuchses an verschiedenen Laubbäumen. Auch sie leben in großen Gruppen und können einen Ast kahlfressen. Der Baum erholt sich davon aber meist wieder rasch. Aufgrund der Seltenheit sollte der Große Fuchs unbedingt geschont werden.

Die Paarung des Kleinen Frostspanners (Operophtera brumata). Unten das flügellose Weibchen. Diese Falter treten in manchen Jahren in Massen auf und können Schäden an Obstbäumen verursachen, Bubenberg/Steegen.

Marienkäfer, Schwebfliegen und Florfliegen profitieren von den Blattläusen auf den Bäumen. In manchen Jahren vermehren sich die Blattläuse im Frühling sehr stark, sodass sich viele Blätter einkräuseln. Ihre Feinde vermehren sich daraufhin ebenfalls stark, sodass sie in der Regel mit Sommerbeginn die Blattläuse stark dezimiert haben.

Die Larven der Marienkäfer sind große Blattlausvertilger.

Die Gemeine Florfliege (Chrysoperla carnea).

Lebensraumvernetzung

Lückenreiche, alte Baumbestände mit extensiv genutzten und dadurch blütenreichen Wiesen beherbergen eine große biologische Vielfalt. Wiesenbewohner wie Feldheuschrecken, Heufalter und Weichkäfer leben hier in unmittelbarer Nachbarschaft zu den Baumbewohnern.

Manche Arten sind auf die enge Verzahnung dieser unterschiedlichen Lebensräume angewiesen. So nutzen die Glockenblumen-Scherenbienen die Glockenblumen in der Wiese als Nahrungsquelle und abgestorbene Baumteile als Nistplatz.

Glockenblumen-Scherenbiene (Chelostoma rapunculi), hier in einer Krokusblüte. Diese kleinen Bienen fliegen schon sehr früh im Jahr.

Die Schönen, die Seltenen & die Gemeinen

Diese Überschrift, die ich an einen Filmtitel des italienischen Regisseurs Ettore Scola angelehnt habe, trifft für zwei Punkte exakt zu. Ein dritter Punkt stimmt vielleicht für den oder die Personen, die von Schädlingen im Obstgarten betroffen sind, zu. Aber gemeine Wesen gibt es im Tierreich eigentlich nicht. Gemein kann man höchstens als Begriff für häufig (oft vorkommend) gelten lassen.

Fangen wir vielleicht mit den Schönen an. Allen voran die Gilde der Tagfalter. Die Palette spannt sich vom einfachen, noch relativ häufigen (gemeinen) Tagpfauenauge bis zum seltenen Großen Fuchs. Bei den Nachtfaltern gibt es allerdings einige Arten, die Obstbaumbesitzern wenig Freude bereiten.

Auf den Wiesen im Umfeld von Streuobstbeständen kann man im Sommer mitunter das hübsche Schach- oder Damenbrett *(Melanargia galathea)* beobachten, besonders wenn hier Flockenblumen oder gar ein paar Kratzdisteln zu finden sind. Das schöne Schwarzweiß der Oberflügel hat diesen Faltern ihren Namen gegeben. Ihre Raupen leben an verschiedenen Gräsern.

Raupen des Großen Fuchses (Nymphalis polychloros) auf einer Vogelkirsche, Bubenberg/Steegen.

(links) Aus der Raupe des Großen Fuchses (Nymphalis polychloros) entwickelt sich eine Puppe. Die perlmuttfarbigen Flecke lassen sie kostbar erscheinen. Die Flügel und der Kopf sind schon ansatzweise zu erkennen.

(rechts) Das Endprodukt der Metamorphose ist der seltene Große Fuchs (Nymphalis polychloros). Eine schöne Tagfalterart, der die Umwandlung unserer Landschaft, das Entfernen von Streuobstbeständen oder die Umwandlung in Plantagen und Äcker schwer zugesetzt haben. Dieser Schmetterling gilt als Bioindikator für eine intakte Kulturlandschaft, Bubenberg/Steegen.

Dar Schachbrettfalter (Melanargia galathea) ist auf mageren, besonnten Wiesen zu finden, wo Skabiosen und Flockenblumen wachsen.

So sieht das Schach- oder Damenbrett (Melanargia galathea) in der Ruhestellung aus.

Der zweite Name des Nierenfleck-Zipfelfalters (Thecla betulae), Birken-Zipfelfalter, ist irreführend. Seine winzigen Raupen bevorzugen Rosengewächse als Futterpflanzen, wozu auch typische Streuobst- und Heckenpflanzen, wie Zwetschke (Prunus domestica subsp. domestica) oder Schlehdorn (Prunus spinosa) gehören. Ihn zu sehen gehört heute schon zu den besonderen Erlebnissen. Er fliegt in einer Generation von Juli bis in den Oktober.

Seine winzigen Raupen zu finden ist eher Experten vorbehalten. Sie sitzen im Frühjahr einzeln an der Unterseite der Blätter, bevor sie zu Boden wandern und sich in dunkel gesprenkelte Puppen verwandeln.

Genusstrinker unter den Insekten

Wenn im Herbst die reifen Früchte zu Boden fallen und zu gären beginnen, berauschen sich einige Falterarten, aber auch andere Insekten, an den nun alkoholischen Früchten. Einer dieser Genusstrinker ist der Admiral *(Vanessa atalanta)*.

(rechts oben) Erst mit geöffneten Flügeln offenbart er seinen hohen Dienstgrad in Sachen Schönheit. Sehr selten kommt es zum Massenauftreten der Raupen. Da sie aber bevorzugt an der Großen Brennnessel leben, besteht sowohl für Menschen als auch für Nutzpflanzen keine Gefahr.

(links) Mit zusammengeklappten Flügeln ist der prächtige Falter nur schwer zu entdecken. Besonders gern berauscht er sich an den gärenden Säften von Zwetschken, man kann ihn aber auch an den Blüten von Wasserdost oder Efeu finden.

(rechts) Auch Wespen, Bienen und Fliegen laben sich an diesen alkoholischen Säften und so herrscht im Herbst unter den Bäumen ein Summen und Brummen, dass es eine Freude ist. Barfußgehen ist nun aber nicht mehr zu empfehlen.

Schönheiten der Nacht – Der größte Falter Europas

Das Wiener Nachtpfauenauge *(Saturnia pyri)* ist mit einer Flügelspannweite von 10 bis 16 Zentimetern der größte Nachtfalter Europas. Er ist heute nur noch in Wien, Nö. und im Burgenland nachgewiesen. Einer der Gründe ist die Insektizidanwendung in Obstkulturen. Der Falter ist eng an Laub- und Obstbäume, wie etwa Kirsch- und Birnbäume, gebunden. Wegen seiner Gefährdung war dieser prächtige Falter Insekt des Jahres 2000. Seine prächtigen Raupen verursachen keine Schäden am Obst.

(rechts) Auch die Raupen des Kleinen Nachtpfauenauges (Saturnia pavonia) fressen neben anderen Laubgehölzen manchmal an Apfelbäumen, ohne den Baum zu schädigen.

(links) Die Flügelspannweite des Kleinen Nachtpfauenauges beträgt nur 6,5 bis 8 cm. Die Falter fliegen zwischen April und Mai. Da die Falter keine Mundwerkzeuge besitzen, leben sie nur sehr kurz. Die Geschlechter sind bei diesem Falter unterschiedlich gefärbt. Während das Weibchen in Grautönen erscheint, sind die Männchen eher rostbraun.

Das Wiener Nachtpfauenauge (Saturnia pyri) ist in Oberösterreich seit den 1950er-Jahren verschollen.

Schon die Raupe des Falters wirkt exotisch mit ihrer stattlichen Größe, ihrer kräftig grünen Grundfarbe, verziert mit hellbauen, auf Höckern sitzenden, behaarten Punkten.

Bunter Blumenteppich unter Obstbäumen – die Pflanzenwelt

Durch die locker verstreut stehenden Obstbäume fällt genug Licht auf den Boden, sodass sich hier eine artenreiche, je nach Standortbedingungen unterschiedlich zusammengesetzte Wiese mit vielen Gräsern und krautigen Pflanzenarten entwickeln kann. Sie wird meist von einer Pflanzengesellschaft gebildet, die man als Glatthaferwiese bezeichnet. Diese enthält zwar keine ausgesprochen seltenen Pflanzenarten, doch sind in ihr zahlreiche bunt blühende Wiesenpflanzen vereint, welche im intensiv genutzten Grünland vielfach schon selten geworden oder ganz verschwunden sind.

Streuobstbäume mit blütenreicher Wiese, Heiligenberg.

Der kleinräumige Wechsel aus besonnten, halbschattigen und schattigen, trockenen und feuchten Stellen in einer Streuobstwiese begünstigt ein Mosaik aus kleinen Fleckchen mageren Halbtrockenrasens, frischer Fettwiesen bis hin zu nährstoffreichen Feuchtwiesen und Hochstaudenfluren.

Unter den Bäumen, welche durch ihre Schattenwirkung das Einwandern von Waldarten in das Grünland ermöglichen, gedeihen im Frühling Scharbockskraut, Buschwindröschen und Hohler Lerchensporn.

Umgekehrt bevorzugen besonders lichtbedürftige Arten wie Wiesen-Salbei, Schafgarbe und Knolliger Hahnenfuß

Der Unterwuchs der Streuobstwiese wird traditionell als Futter für die Haustiere des Menschen genutzt, entweder als Mähwiese zur Grünfutter- und Heugewinnung oder als Weidefläche für Rinder, Pferde oder Schafe. St. Marienkirchen/P.

die nicht beschatteten Teilbereiche. In etwas feuchteren Bereichen sind Kuckucks-Lichtnelke, Echtes Mädesüß und Kohl-Kratzdistel zu finden.

Grundvoraussetzung für eine artenreiche Flora ist allerdings, dass die Streuobstwiese gemäht oder beweidet wird, wobei durch eine ein- bis zweimalige Mahd die Artenvielfalt an Gräsern und Kräutern wesentlich größer ist als auf einer beweideten Streuobstwiese.

Blütengesellschaft von Buschwindröschen (Anemone nemorosa) und Hohlem Lerchensporn (Corydalis cava), Bubenberg/Steegen.

Wer Wiesen mit der Sense mäht, leistet einen wichtigen Beitrag zur Erhaltung der Artenvielfalt. Wie man hier sieht, kann es auch Freude machen, St. Thomas am Blasenstein.

Der Wetzstein, in einem mit Wasser gefüllten Kuhhorn aufbewahrt, eines der wichtigsten Utensilien beim Sensenmähen.

Heumandlmachen in einer Streuobstwiese, Micheldorf.

Unterbleibt die regelmäßige Pflege, kommt es in den folgenden Jahren zu einer Verbuschung und schließlich zu einer Verwaldung. Häufigere Mahd bewirkt eine Verringerung der Artenzahl auf einige wenig schnittempfindliche Pflanzenarten. Desgleichen kann durch eine übermäßige Düngung auch bei nur zweimaliger Mahd pro Jahr der Artenreichtum zugunsten einiger Stickstoffzeiger wie dem Löwenzahn stark reduziert werden.

Diese Löwenzahnwiese unter Obstbäumen in Steegen im Bezirk Grieskirchen. Das üppige Gelb der Blüten täuscht. Löwenzahn zeigt einen hohen Stickstoffeintrag durch Düngung an. Artenreicher Blütenflor hat hier leider keinen Platz mehr.

Im Laufe des Jahres zeigt der blumenbunte und artenreiche Unterwuchs einer Streuobstwiese ganz unterschiedliche Aspekte:

Als einer der ersten Frühlingsboten eröffnen die hellgelben Blüten der Hohen Schlüsselblume auf der ansonsten noch winterbraunen Streuobstwiese den Blütenreigen. Dann breitet das Wiesenschaumkraut mit seinen unzähligen Blütentrauben einen weißen bis blass-violetten Schleier über das sprießende Grün. Darauf folgt unübersehbar das leuchtend-satte Gelb des Löwenzahns.

Hohe Schlüsselblume (Primula elatior) und Hohler Lerchensporn (Corydalis cava), Bubenberg/Steegen.

Im Frühsommer erreicht die Farbenpracht ihren Höhepunkt: Rote *(Rotklee, Kuckucks-Lichtnelke und andere Nelkenarten)*, violette *(Wiesen-Flockenblume, Tausendgüldenkraut)*, blaue *(Wiesen-Salbei, Wiesen-Glockenblume)*, gelbe *(Hornklee, Echtes Labkraut, Wiesenbocksbart, Scharfer Hahnenfuß)* und weiße *(Margeriten, Wiesen-Kerbel)* Blüten – um nur einige zu nennen – lassen die Wiese wie einen bunten Teppich erscheinen, über den die Blüten der Gräser einen seidigen, silbernen bis goldenen Glanz legen. Die erste Mahd an einem sonnigen Sommertag bereitet diesem üppigen Blütenangebot ein jähes Ende.

Wiesensalbei (Salvia pratensis) bei St. Marienkirchen/P.

Herbstzeitlose (Colchicum autumnale) – eine giftige Schönheit, Peuerbach.

Der Hochsommer mit seinen günstigen Wachstumsbedingungen bringt die gemähten Pflanzen jedoch wieder schnell zum Austreiben. Nun breiten sich die weißen und gelben Blütenschirme der Wilden Möhre, des Wiesen-Bärenklaus und des Pastinaks über der Wiese aus und mischen sich mit den rotbraunen Blütenköpfchen des Großen Wiesenknopfs. Der zweite Schnitt erfolgt dann kurz vor der Obsternte.

Im Herbst färbt die Herbstzeitlose mit ihren krokusähnlichen Blüten die Wiesen lila. Sie ist eine ebenso giftige wie eigenartige Pflanze: Grüne Blätter fehlen zur Blütezeit, die notwendigen Nährstoffe entnimmt die Pflanze einer unterirdischen Knolle. Vergeblich sucht man in der Blüte nach dem Fruchtknoten. Er sitzt wohlgeschützt bis zu 20 cm tief im Boden. Erst im Frühling wachsen tulpenartige Laubblätter gemeinsam mit der Frucht an das Tageslicht.

Im Winter verdorren oder verschwinden die meisten Pflanzen. Nur struppige, braune oder gelbe Grasbüschel schauen aus der Schneedecke hervor. Aber das täuscht: Die Wiese sammelt nur neue Kraft. Sobald im Frühjahr die Sonne die Schneedecke zum Schmelzen bringt, die Temperatur ansteigt und die Tage länger werden, erwacht die Streuobstwiese und der Jahreskreis beginnt von Neuem.

Raureif an einem Streuobstbestand bei Oberschlierbach.

Haus, Obstbaum & Landschaft – ein harmonisches Gefüge

Alte Haustypen, jeweils aus Material der unmittelbaren Umgebung gebaut, bildeten eine optische Einheit mit dem Umfeld und gliederten sich, oft umkränzt von Streuobstbeständen, hervorragend in das Landschaftsbild ein. Heute, wo Materialien aus aller Herren Länder verarbeitet werden, verliert damit die Landschaft ihr charakteristisches Gesicht: ob es der Mühlviertler Vierseithof mit seinen Garnitsteinmauern, der Sandstein des Salzkammerguts oder die Holzhäuser des Innviertels sind. Sie alle verleihen der Landschaft ihr eigenes Gepräge, oft eingebettet in Streuobstbestände oder zumindest mit einem Hausbaum zur Zierde und Schutz.

Dieser stattliche Bauernhof im oberösterreichischen Salzkammergut ist beschirmt von einem mächtigen Mostbirnbaum, Haslau.

Ein Obermühlviertler Vierseithof. Eingebettet in frisch gemähte Wiesen, umkränzt von Wald und mit vorgelagertem Streuobstbestand, schmiegt sich das Gebäude förmlich in die Landschaft und bildet ein harmonisches Ganzen, nahe Ulrichsberg.

Altes Gebäude mit tief herabgezogenem Dach in Rexham, Gemeinde Scharten. Früher durften Obstbäume noch krumm wachsen. Angeblich deuten solche Wuchsformen auf unterirdische Wasseradern hin.

Ein Blick in die Vergangenheit. Das Freilichtmuseum Großdöllnerhof in Rechberg im Naturpark Mühlviertel. Das Dach strohgedeckt, die Wände aus Granit, mit Lehmputz versehen.

(links) Birnbaum, am Spalier gezogen in Hallstatt. Schon lange, bevor der Begriff der begrünten Fassade erfunden war, nutzten Menschen diese platzsparende Art der Obstgewinnung.

(rechts) Sacherl bei Pennewang, heute als Wochenendhaus genutzt. Gegenüber heutigen rationalen Bauten strahlt so ein Gebäude, beschirmt von Bäumen, Harmonie mit seinem Umfeld aus.

Die Konturen dieses stattlichen Hofes in St. Marienkirchen an der Polsenz zerfließen fast in der Üppigkeit der blühenden Mostobstbäume.

Altes Holzhaus in St. Marienkirchen/Polsenz.

Bauernfamilie vor einem Vierkanthof mit Streifenputzverzierung. Vermutlich Umfeld Steyr.

Sehr schön saniertes Bauernhaus in Schulleredt bei Raab. Die bodenständigen Materialien, alle aus dem unmittelbaren Umfeld entnommen, bildeten die Charakteristika der alten Häusertypen aus. Obstbäume sind um die Häuser immer zu finden.

Stall an einem Vierseithof in Bubenberg/ Steegen Oö. mit Zwetschkenbaum.

Mostkeller mit Granitwänden in Steinbruck, Steegen Oö.

Erd- oder Mostkeller in Micheldorf.

Hölzerne Spitzen

Schon immer, besonders in der Zeit vor unserem Ramschzeitalter, in dem wir wertlosen Plunder aus aller Herren Länder horten, hat der Mensch seine Abhängigkeit von der Natur und seinen Dank fürs tägliche Brot in Volksfrömmigkeit und Handwerkskunst ausgedrückt. So findet man oft im Zusammenhang mit alten Obstgärten allerlei Zierrat an Gebäuden und Stadeln und auch die Zäune prägten ein harmonisches Landschaftsbild.

Windluke an einem kleinen Stadel, Kallham.

Formläden eines Geländers an einem Bauernhof, Mondsee/St. Lorenz.

So mancher Stadel wurde mit schönen Motiven verziert und sogar die Luken, die der Belüftung dienten, hatten eine reiche Formenpalette an geschnittenen Brettern, welche die zarte Eleganz von Häkelmustern aufwiesen, so fein waren sie manchmal in ihrer Zusammensetzung.

Lüftungsgatter an einem Gehöft. Das Gatter ist sehr fein geschnitten und weist eine rotweiße Bemalung auf. Über die ganze Seite des Stadels ist ein Sinnspruch aufgemalt, Vorderndopl, Dorf an der Pram.

Zäune waren damals noch aus gespaltenem Hartholz oder zumindest aus natürlich gewachsenen Stäben gefertigt und wirkten daher besonders organisch. Oder nehmen wir die gemalten und ebenfalls verzierten Giebel der Häuser, die Fenster- und Türeinfassungen. Sie alle wurden mit Liebe und Kreativität reich verziert und manchmal bemalt.

Steckenzaun um einen Hausgarten bei Sonnberg im Oberen Böhmerwald.

Alter Holzzaun, mit Moosen bewachsen, was auf einen schattigen Ort hinweist. In der Nähe von Frauenstein.

Besonders aufwendiger, aus Fichtenästen gefertigter sogenannter Ringzaun auf einer Alm bei Bad Ischl.
Hierzu wurden Äste der Fichte über einem Feuer geröstet, bis sie sich biegen ließen, um die Steher damit zu verbinden.

Blick in einen Hausgarten an der Maltsch im Bezirk Freistadt. Gegen Wild mit einem Zaun versehen, geben Obstbäume einen lichten Schatten, der den Aufenthalt an heißen Tagen angenehm macht.

Mit Flechten bewachsener Holzzaun bei einem Siedlungshaus bei Scharten.

Sehr schön proportioniertes Haus mit großem Birn- und Spalierbaum sowie traditionellen Holzzäunen aus halbierten, zugespitzten Rundhölzern. Nachlass M. Schlatt, Micheldorf.

Farbe war ein wichtiges Instrument der Gestaltung

Alle gezeigten Motive zeugen vom Reichtum bzw. der rauen Kargheit der umgebenden Landschaft. Das Material wurde immer aus der unmittelbaren Umgebung bezogen: vom Steinbruch hinter dem Haus, der Lehmgrube in der Nähe oder von den umgebenden Wäldern. Diese schönen Zierrate an den Häusern wurden oft von fahrenden Handwerkern auf der Stör gefertigt. Aber auch wenn man sein Brot schwer verdienen musste, so hatte doch so mancher Bauernhof das Bettelleutfenster aufzuweisen, wo immer etwas Brot und ein Krug mit Wasser, bei guten Bauern auch mit Most gefüllt, für die vielen herumziehenden Bettelleut oder Wanderer bereitstand. Freilich war nicht jeder so freigiebig und manch einer hatte nichts über für jene, denen das Schicksal nicht gerade gut gesinnt war, und so bediente sich das fahrende und herumziehende Volk einfacher Zeichen, die über die Besitzer des jeweiligen Hofes Auskunft gaben und so manchen nachfolgenden Leidensgenossen vor Schaden bewahrte oder ihnen den Weg zu netten Menschen wies.

Auch auf Kästen und Truhen im Hausinneren erzählt die Malerei, meist von den Tischlern ausgeführt, die die Kästen auf der Stör anfertigten, ihre Geschichten. Diese Möbel dienten meist als Aussteuer der Braut. Auf diesem Innviertler Simskasten tut sich ein Vogel (Fasan?) am Fallobst gütlich. Sammlung Feldbauer Manzing.

Sehr alte Haustüre mit Maskenmotiv.
Irrseer Heimathaus, Zell am Moos.

Haustür im Dambachtal bei Steyr 1822.
Solche Türen sind nicht nur schön anzuschauen,
sondern sie zeigen das hohe handwerkliche
Können jener, die sie gemacht haben.

Mein väterlicher Freund, der Bildhauer Hans Mayrhofer-Irrsee, hat an der Straße zwischen Hallstatt und Obertraun einem solchen Landstreicher ein Denkmal gesetzt. Auf der Bronzefigur kann man auch allerlei Gaunerzinken, wie diese Zeichen genannt werden, entdecken. Mich stimmt es immer etwas wehmütig, wenn ich vor dieser Figur meines verstorbenen Freundes stehe und an die vielen Gespräche mit ihm denke. Auch an Poidl, jenen hier verewigten Landstreicher, den kennenzulernen ich ebenfalls noch die Ehre hatte. Hans Mayrhofer hatte schon als Kind das Gefühl, dass diese bäuerliche Welt verloren gehen könnte und tauschte bereits in der Schule sein erstes Hinterglasbild ein. Bei seinem Ableben hinterließ er in der Gemeinde Zell am Moos nicht nur eine einzigartige, sehr lebendige Sammlung bäuerlichen Kulturgutes, sondern auch einen Skulpturengarten, der sich zwischen Blumen und unter Obstbäumen ausbreitet und den Besucher eintauchen lässt in eine eigene, faszinierende Welt. Viel

Filigran, reich an Ornamenten und farblich herausgeputzt – kleiner Balkon an einem Holzhaus bei St. Ägidi.

Tore wie dieses in der Ortschaft Weeg im Bezirk Schärding sind eine Zierde für das Haus. Der Torstock aus Granit ist mit 1855 datiert.

von dem alten Wissen über die Lebensart der Menschen und die Bedeutung alter Gegenstände wäre längst verloren gegangen, hätte sie Hans nicht penibel gesammelt und für die Nachwelt aufbewahrt. Für mich ein unversiegbarer Wissensquell, der in mir das Gefühl für die Schönheit alter Dinge weckte. War ich doch jede Ferien und auch an vielen Wochenenden in meiner Ausbildungszeit zum Holzbildhauer dort zu Gast und habe die Dinge nach Anweisung von Hans an ihren Platz gerückt, an Wänden montiert oder in Vitrinen sortiert. Hier habe ich auch einige reich beschnitzte oder einfach verzierte Mostpressen zu Gesicht bekommen. Auch darin drückte die Art der Verzierung den Reichtum des Bauern oder die einfachen Lebensumstände aus, mit denen andere zurechtkommen mussten. Gab es doch Gegenden, wo der Most die Leute reich machte, andere wiederum wo das Klima rau und das Produkt herb und pelzig über den Gaumen floss. Wenn wir heute ein Glas Edelmost trinken, können wir uns ob des zarten Geschmacks gar nicht mehr vorstellen, wie diese Produkte früher schmeckten. So fein verwöhnen sie heute unseren Gaumen.

Mit pflanzlichen Motiven und dem Werkzeug des Zimmermanns verzierte Bretter an einem Haus bei St. Ägidi.

Taubenmotiv an einem Stirnbrett am Haus des Herausgebers. Nach einem Vorbild im Irrseer Heimathaus aus der Sammlung des Künstlers Hans Mayrhofer-Irrsee.

Vielleicht einmal das Vorbild für das Motiv aus der vorherigen Seite. Zwei Ringeltauben, die sich innig küssen. Turteln wie die Tauben ist ja ein althergebrachter Spruch. In Wirklichkeit ist es eine Futterübergabe.

Tulpenmotiv an einer Mostpresse,
Sammlung Mayrhofer, Zell am Moos.

Mit den Augen der Kunst

Schon immer haben Streuobstwiesen und Obstbäume auch Künstler inspiriert, mich nicht ausgenommen. Überhaupt hat die bäuerlich geprägte Landschaft und die oft einfache Lebensweise Künstler aufs Land gezogen, wo sie lebten und aus der üppigen Fülle früherer, reich strukturierter Landschaften schöpften. Ob in Ölfarbe, Pastell, ob mit Bleistift, Kohle oder Aquarell. Oft entstanden faszinierende Bilder, die den Blick über das Reale hinaus für die ländlichen Bereiche und ihre Obstbaumkulturen schärfen.

Stilleben mit Äpfeln. Sammlung Feldbauer, Manzing, sign. mit Meyland.

Eintauchen in die Farben der Landschaft – die Bilderwelt des Hannes Gstöttenmaier

Der bei Kremsmünster lebende Hannes Gstöttenmaier ist ein Maler der wuchtigen Farbigkeit, dessen Bilder durch ihre Intensität und Bildkraft beeindrucken. Immer wieder finden sich Obstgärten unter seinen Landschaftsbildern.

Hannes Gstöttenmaier, Streuobstwiese, 1993.

Hannes Gstöttenmaier, Obstgarten, Ölfarbe auf Karton, undatiert.

Hannes Gstöttenmaier, Birnen.

Die Duftigkeit der Landschaft in Schwarzweiß – Holzrisse von Margret Bilger

Hier dürfte es sich um eine Mühlviertler Landschaft handeln, die Margret Bilger, eine der großen österreichischen Künstlerinnen, in den Druckstock aus Holz schnitt und ritzte. Heraus kamen dabei fein strukturierte Bilder, die einerseits den Charme des Holzschnittes haben, aber andererseits fast wie eine Radierung wirken.

Hans Mayrhofer-Irrsee, Mädchen und Pferd unter blühenden Bäumen, Öl auf Spanplatte, undatiert.

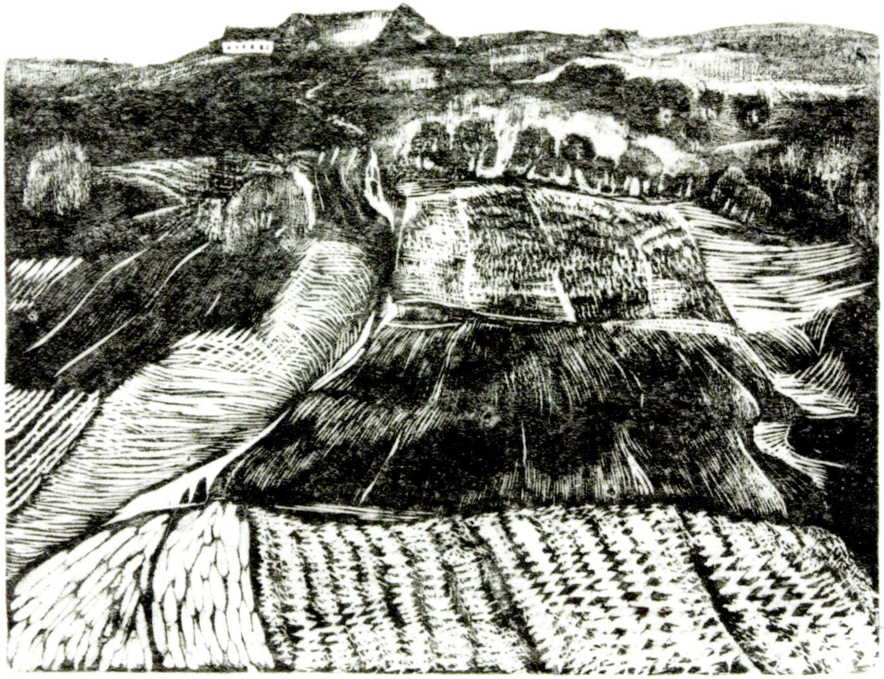

Margret Bilger, Oberösterreichische Hügellandschaft, Holzriss von 1931.

Das Gedächtnis der Landschaft - Hans Mayrhofer-Irrsee

Der in Zell am Moos lebende Künstler Hans Mayrhofer-Irrsee war tief mit der Landschaft und dem Leben der Menschen am Lande verbunden. So sammelte er seit seiner Kindheit bäuerliches Kulturgut und errichtete das Irrseer Heimathaus, in dem heute seine unvergleichliche Sammlung besichtigt werden kann.

In seinen Bildern und Skulpturen war er ein Poet, dessen Werke eine innige Verbindung mit der umgebenden Landschaft und den darin lebenden Menschen ausstrahlen. Für mich sind sie gemalte Gedichte.

Hans Mayrhofer-Irrsee, Das Dorf,
Ölfarbe auf Spanplatte 1984.

Hans Mayrhofer-Irrsee, Schwarzes Obst, Ölfarbe auf Holz 1983.

Ein Meister der Federzeichnung – der Maler und Zeichner Melchior Frommel

Der in Münster im Taunus geborene Maler und Zeichner Melchior Frommel lebt im oberösterreichischen Schlierbach. Neben seiner Tätigkeit als Biograf von Margret Bilger, über die er zahlreiche Bücher verfasste, ist er ein Meister der Feder. Mit dynamischen Federstrichen bringt er die Landschaft und das Labyrinth der Zweige auf Papier. So auch die gezeigten Bilder von Streuobstwiesen bei Schlierbach. In der Zeit zwischen 1979 und 1998 lehrte er als Kunsterzieher an der Deutschen Schule in Thessaloniki. Hier entstanden unzählige Portraits und Landschaftszeichnungen.

Melchior Frommel, Obstgarten, Tusche auf Papier, undatiert.

Melchior Frommel, Scheiterhütte im Wirtshaslinger-Hausgarten, Ölfarbe auf Spanplatte, Oberschlierbach 1964.

Melchior Frommel, Weg durch eine Streuobstwiese, Tusche auf Papier, undatiert.

Das wahre Gesicht der Landschaft, der Bildhauer und Maler Hans Heis

Die Landschaftsbilder des in Linz gebürtigen und zurzeit in Wien lebenden Künstlers Hans Heis sind wahrhaftig. In dynamischen Pinselstrichen bringt er die Landschaft auf die Leinwand. Er verschweigt nichts in seinen Bildern und spart nichts aus. Sogar die Siloballen bekommen bei ihm etwas Malerisches und seine Bilder strahlen die herbe Schönheit alter Obstgärten und Häuser aus mit den oben erwähnten Parallelen zur Gegenwart. Die hier gezeigten Bilder entstanden alle im Umfeld eines Bauernhofes bei Natternbach, auf dem er zeitweise lebt und arbeitet.

Hans Heis, Hochsommer mit Heuballen, Acryl auf Leinwand 2016.

Hans Heis, Hinter dem ehemaligen Schweinestall,
Acryl auf Leinwand 2016.

Die Feste feiern, wie sie fallen

Auch die Menschen feiern gerne Feste über den Jahreslauf. Unter Obstbäumen ist es ja schön zu verweilen, zu tanzen und fröhlich sein. Dankbares Publikum kommt von Nah und Fern, um dabeizusein.

Schartner Mostkost unter blühenden Bäumen, eine Labsal für Gemüt und Seele.

Unter Apfelbäumen ist gut feiern. Auch wenn`s mit Bier ist, wie hier in Micheldorf im schönen Kremstal.

„Sommerreigen", Erstentwurf für das Kinderbuchprojekt „Hannah und der wilde Garten", Pastell- und Fettstift auf bedrucktem Papier", Josef Limberger 2019.

Ein großer Teil der traditionellen Feste des Jahreslaufs haben kirchlichen Ursprung. Dabei dürfen auch die Blasmusikkapellen nicht fehlen. Hier spiegelt sich die Kirche von Pennewang bei einem Erntedankfest in einem der Blasinstrumente.

Behütet im Schatten eines Obstbaumes ist dieser Bub eingeschlafen, müde geworden von der Aufregung, die solche Feste auch für unsere Kleinen mitbringt. Satt vom guten Essen und ein paar Gläsern Obstsaft. Was er wohl träumen mag im Netz von Schatten und Licht, das der Baum auf ihm zeichnet?

„Da ist der Wurm drin" – Schädlinge und Krankheiten

„Wie kommt die Made in das Obst?!"
Die Hülle trügt! – Das Ungeziefer
dringt da im allgemeinen tiefer …

Heinz Erhard

Widmen wir uns nun einigen Tieren, aber auch Krankheiten, die Obst Schäden zufügen können. Den kleinen Frostspanner haben wir ja bereits kennengelernt.

Ein hübscher Kleinschmetterling, der ursprünglich nur in Europa beheimatet war, heute aber, durch den Welthandel bedingt, bereits in vielen Ländern der Welt verbreitet ist, ist der Apfelwickler *(Cydia pomonella).* Er ist verantwortlich dafür, wenn in Äpfeln oder Birnen der Wurm drin ist.

Klein, hübsch, aber gefürchtet: Der Apfelwickler (Cydia pomonella).

Die schöne Kirschfruchtfliege (Rhagoletis cerasi) wird nur maximal fünf Millimeter groß. Ihre Larven wachsen in den Kirschen heran. Bei Obstbauern ist sie daher nicht beliebt.

Maikäfer flieg …

Die Heerscharen von Maikäfern gibt es heute schon lange nicht mehr und nur noch selten kommt es zu größeren Schäden durch die Larven, auch Engerlinge genannt. Früher konnten diese hübschen Käfer durch Fraßschäden an den Wurzeln Arges in den Obstgärten anrichten.

Eine gute Methode, die Engerlinge vorbeugend im Zaum zu halten, ist die Freilandhaltung von Hühnern. Übrigens, Streuobstwiesen bieten auch gute Deckung für Hühner gegen Feinde aus der Luft, auch wenn es gelegentlich zu Verlusten durch Beutegreifer kommen kann. Ein solider Stall, in dem die Hühner über Nacht eingesperrt werden, hält solche Schäden kurz. Hühner scharren ununterbrochen den Boden auf, verzehren Engerlinge oder andere Insektenlarven und tragen sogar zur Dezimierung von Zecken bei. Die Hühnerhaltung feiert übrigens gerade eine Renaissance. Nur schade, dass sich zwar viele nicht am ohrenbetäubenden Brüllen einer Motorsäge oder an lauten Motorrädern stören, das Krähen des Hahns jedoch Unmut erweckt.

Ein Feldmaikäfer (Melolontha melolontha) im Abflug.

Hühner ums Haus aufwachsen zu sehen übt auch für Kinder eine große Faszination aus.

(links) Freilaufende Hühner tragen viel zur Reduzierung von Schadinsekten bei.

(rechts) Schöne Hähne sind nicht mehr allzu oft zu sehen. Sie sind den heutigen Menschen zu laut oder sie krähen zur falschen Zeit. Doch zum Schutz der Hühner wären sie wichtig.

Allerlei Krankheiten

Ein gefürchteter Pilz, welcher Äpfel, aber auch Kirschen bereits am Baum verfaulen lässt, ist der Moniliapilz. Er befällt bevorzugt verletzte Früchte. Diese sollten vom Baum entfernt und die Äste zurückgeschnitten werden. Auf dem Boden liegende Früchte, sogenannte Fruchtmumien, sollte man ebenfalls aufsammeln. Schnittgut und Früchte sollten entweder verbrannt oder vergraben werden.

Mistelbefall bei Obstbäumen

In den letzten Jahrzehnten hat sich der Mistelbefall in Streuobstbeständen immer mehr ausgebreitet. War in früheren Zeiten eine Zurückdrängung dieses Schmarotzers durch den regelmäßigen Schnitt gewährleistet, so haben die mangelnde Nachschau und Pflege dazu geführt, dass es zu einer gewissen Gefährdung der Obstbaumbestände gekommen ist. Besonders Apfelbäume sind davon betroffen.

Von Monilia befallene Äpfel mit der typischen punktähnlichen Zeichnung durch den Pilz.

Hübsch anzusehen, aber für den Wirtsbaum ein Problem – die Mistel.

Die klebrigen, weißen Beeren werden von Vögeln verspeist und an anderen Bäumen wieder ausgeschieden. Durch die klebrige Eigenschaft kann der Samen dann am neuen Wirtsbaum keimen. Die zweihäusige Mistel wächst in den ersten Jahren nur sehr langsam und ist deshalb schwer zu entdecken. Über ein spezielles Verankerungssystem entzieht sie dem Baum Wasser und auch Nährstoffe und vermag ihn dadurch zu schwächen. Misteln sind immergrün und daher besonders im Winter leicht zu entdecken. Etwa zehn Jahre brauchen sie, um einen Durchmesser von etwa 80 Zentimetern zu erreichen.

Vor allem um die Weihnachtszeit ist es üblich, eine Mistel über die Haustür zu hängen. Darunter durchzugehen bedeutet Glück. Auch als Heilpflanze findet sie Verwendung. So wird sie in der alternativen Krebsbehandlung und bei Bluthochdruck eingesetzt. Sie ist in allen Pflanzenteilen giftig.

Plakat mit verschiedenen Obstkrankheiten.

Feuerbrand

Eine wirklich ernst zu nehmende Krankheit bei Rosengewächsen und damit auch bei Obstbäumen ist der Feuerbrand, der im Jahr 1957 in Europa auftrat und im Jahr 1993 erstmals in Österreich nachgewiesen wurde. Kernobstsorten sind besonders gefährdet, da der Erreger, ein Bakterium, hier auch überwintern kann. Die typischen Symptome sind das Abwelken und die braunrote bis schwarze Verfärbung der Blätter, sie sehen wie verbrannt aus, davon kommt auch der Name. Der Feuerbrand kann sich über etwa 170 verschiedene Gewächse (vorwiegend Rosengewächse) ausbreiten. Besonders die Verbreitung durch den heutigen Welthandel mit Pflanzen stellt hier eine Gefahr dar. Junge Bäume sterben innerhalb weniger Wochen ab. Ältere innerhalb eines oder mehrerer Jahre. An den befallenen Stellen tritt ein Bakterienschleim aus. Dieser ist hoch infektiös und kann durch Insekten oder Vögel leicht auf andere Bäume und Sträucher übertragen werden. Die stäbchenförmigen Bakterien bilden nadelförmige Strukturen aus, welche in die Wirtspflanzen eindringen und sich dort ausbreiten. Die gefährlichste Zeit der Ansteckung ist das Frühjahr. Die wahrscheinlichste Infektion erfolgt über die Blüte oder über junge Triebe. Diese Krankheit ist meldepflichtig. Eine Bekämpfung kann nur durch radikalen Rückschnitt oder Entfernen des befallenen Baumes und Verbrennen des Schnittguts erfolgen.

Birnenverfall

Diese bakterielle Infektion kann Birnensorten, aber auch Quitten befallen. Die Krankheit zeigt sich in schwächer wachsendem und teilweise absterbendem Laub, einer Einschränkung des Längenwachstums und einem frühzeitiges Rotfärben der Blätter. Im ersten Jahr blühen die befallenen Bäume meist stark. In den nächsten Jahren sterben die Feinwurzeln des Baumes ab. Dies bedeutet nach einigen Jahren seinen Tod durch Verhungern. Die Krankheit wird durch ein Insekt, den Birnenblattsauger und dessen Larven, übertragen. Wichtigste vorbeugende Maßnahmen sind vor allem ein gesundes Pflanzenmaterial zu verwenden, die Rodung befallener Bäume und damit die Ausschaltung des Infektionsherdes.

Bei starkem Befall ist Rodung die einzige Möglichkeit der Bekämpfung.

Volksfrömmigkeit

Seit jeher drückt sich die Abhängigkeit von der Natur und das Streben nach Schutz vor ihren Gewalten auch in Zeichen der Volksfrömmigkeit und der Verehrung und Anrufung von Heiligen aus. Sei es durch Hausbilder, Bildstöcke oder Kapellen.

(links) Hausbild an einem Bauernhaus bei Schlierbach Oberösterreich. Dargestellt sind die heilige Dreifaltigkeit, der heilige Florian zum Schutz gegen Feuer und der heilige Sebastian. Er ist Schutzpatron der Quellen, der Jagd und der Waldarbeiter. Sein Namenstag ist mit verschiedenen Bauernregeln verbunden. „An Fabian und Sebastian soll der Saft in die Bäume gahn", oder „Sebastian je kälter und heller – dann werden Scheuer und Fässer umso völler" sind nur zwei davon.

(mitte) Steinerner Bildstock am Rand eines Obstgartens bei Kallham Oö. Da er neben einer Straße steht, erklärt sich die Darstellung des heiligen Christophorus, des Schutzpatrons der Reisenden.

(rechts) Diese schöne Granitkapelle, beschirmt von einem Mostbirnbaum, findet man bei Neukirchen am Walde.

Streuobstwiesen sind viel Arbeit

Ich fahre mit dem Auto eine steile Straße von St. Marienkirchen bergan. Auf der Anhöhe angekommen, nach einem kurzen Weg Asphaltstraße, steht am Beginn einer alten, schönen Mostbaumallee ein schlichtes Holzschild *Zum Floimayrhof.* Zwischen altehrwürdigen Mostobstbäumen, die einem allerlei erzählen könnten, wenn sie das Instrument der Stimme zur Verfügung hätten, geht es über eine Schotterstraße zum Hof. In einer Mulde, umkränzt von alten Streuobstwiesen liegt der Hof von Hilde und Norbert Reiter. Ich werde herzlich empfangen. Hilde, eine schlanke Frau mit blondem, halblangem Haar, Norbert genauso, wie ich mir einen Streuobstbauern vorgestellt habe. Kräftig gebaut. Den Händen der beiden sieht man die viele Arbeit an.

Die Großeltern haben den Hof im Jahr 1935 gekauft und die beiden sind jetzt in der dritten Generation am Floimayrhof. Ursprünglich lebten sie im Ort, bis der Bruder, eigentlicher Hoferbe, 2004 überraschend verstarb. Hilde und Hans zogen nun auf den Hof, bauten den Wohntrakt um und übernahmen die Landwirtschaft. Früher war Norbert im Nebenerwerb tätig. Heute ist er ausschließlich auf dem Hof beschäftigt, während Hilde zusätzlich eine Arbeit angenommen hat.

Auf die Frage, warum ihnen diese Streuobstwiesen wichtig sind, bekam ich folgende Antwort von Norbert:

Norbert und Hilde Reiter in Arbeitskluft, so wie es sich beim Obstklauben gehört. Norbert, der Probleme mit dem Knie hat, ist über den praktischen Apfelsammler froh, der ihm das mühselige Bücken erspart. Arbeit ist es auch so noch genug. Ohne Menschen wie diese beiden wäre unser Land um vieles ärmer.

„Viele alte Sorten sind dabei, die man sonst nicht mehr bekommt, und das ist auch etwas, wo die Großeltern und die Eltern geschaut haben, dass es so bleibt. Allein dadurch hat es für uns einen Wert. Wenn du den alten Birnbaum da anschaust", Norbert zeigt auf einen mächtigen, alten Baum – *„einen solchen kriegst du nicht mehr. Mich schmerzt es auch, wenn heute gedankenlos zwischen den Feldern alte Obstbaumreihen weggeräumt werden, ewig schade, die werden so nicht mehr. Mit den schweren Maschinen geht das heute sehr schnell, aber damit sind sie unwiederbringlich verloren."*

Die beiden vertreiben die Früchte ihrer Arbeit ein Mal wöchentlich am Markt. Sie bieten Most, Apfelsaft und verschiedene Früchte an. Wichtig ist ihnen auch, dass der Apfelsaft und der Most in Flaschen abgefüllt sind. Plastiksäcke, wie oft üblich, lehnen sie ab.

„Auch ausgeschenkt gehören der Most und die Säfte in Gläser„ das schmeckt ganz anders als aus den Plastikbechern", so Norbert. Auf einem Hang, ein Stück weg vom Haus, weiden Schafe. Die Kühe sind verkauft worden, als der Bruder starb. *„Die vordere steile Leiten ist fast nicht mehr zu mähen. Wo Bäume stehen oder steilere Leiten, das mag niemand pachten. Wenn ich die Leiten mähe, brauche ich eine Woche, bis alles erledigt ist. Der Nachbar macht die große, ebene Wiese in zwei Tagen."*

„Streuobstwiesen sind schön anzuschauen, aber sie machen viel Arbeit." Ich habe das Gefühl, bei den beiden stimmt der Begriff, der Bauer arbeitet mit seinen Händen im Einklang mit der Natur und produziert Lebensmittel, keine Produkte. Ihre Streuobstwiesen sind auch ein Paradies für verschiedene, teils seltene Tiere. So bewohnen Bechsteinfledermäuse die alte Weide vor dem Haus.

„Dohlen haben schon in einem Baum gebrütet und des Nachts hört man im Spätsommer Siebenschläfer in den Bäumen. Hornissen waren auch schon in einer Baumhöhle, sie waren aber sehr friedlich. Auch beim Wald war ein Nest, die waren aber agressiver", so Norbert.

An manchen Abenden im Jahr kommen Naturkundler mit Gästen zum Hof, um interessierten TeilnehmerInnen diese Schätze der Streuobstwiesen zu zeigen.

Als ich den Heimweg antrete, sende ich im Geist den beiden meine besten Wünsche für ein langes, gesundes Leben, damit sie der Welt noch lange diese herrlichen, artenreichen Streuobstwiesen erhalten, die ihren Hof umgeben.

Reich tragende Obstbaumreihe beim Floimayrhof.

Impressionen im Jahreslauf

Der Frühling – Energie und Aufbruch

Ein letztes Aufbäumen des Winters überzieht diese blühenden Obstbäume bei Peuerbach mit einem schweren Tuch aus Schnee.

Schwer lastet der Schnee auf den zarten Blüten des Apfelbaums. Aber er bietet auch Schutz gegen letzte, strenge Fröste.

Diese Kapelle in Buchroith, auf welche die Obstbaumreihen hinführen, zeugt von der Volksfrömmigkeit in der Region.

Mostobstbäume bei Langenpeuerbach im Abendlicht. Solche Bäume prägen das Landschaftsbild und vermitteln Harmonie.

Ein Steinkauz (Athene noctua) lugt aus einer Baumhöhle, Umgebung Perg.

Blühender Kirschbaum bei Rechberg, Naturpark Mühlviertel.

Blühender Mostbirnbaum vor einer Stadelwand mit Weinreben, Pennewang.

Das Männchen einer Mönchsgrasmücke (Sylvia atricapilla)
in einem Pidlingstrauch, Bubenberg/Steegen.

Am Rand eines Waldes bei Scharten erhellt ein Sonnenloch in den Wolken die blühenden Bäume.

Die Blüten eines Mostbirnbaumes in ihrer ganzen Schönheit.

Ein frisch aus dem Süden eingetroffener Starenschwarm im letzten Abendlicht bei Steinbruck.

Im letzten Abendlicht steigt Nebel über den Wiesen und Feldern auf und lässt die Umrisse der Mostobstbäume in diese abendliche Harmonie einstimmen, Oberbubenberg/ St. Willibald.

Eine Mostbirne als Solitärbaum, Laab bei Peuerbach.

Im Gegenlicht erstrahlt das satte Grün der Bäume bei einem Gehöft in Laab bei Peuerbach.

Spielerisch kämpfen zwei eben ausgeflogene Turmfalken (Falco tinnunculus). Unsere häufigste Falkenart nimmt gerne Nistkästen in Stadeln oder an Gebäuden an, belegt aber auch manches alte Elstern- oder Krähennest.

Die Altvögel der Turmfalken (Falco tinnunculus) halten sich immer in der Nähe auf und wachen über das Wohl der Jungen, die noch eine Zeit gefüttert werden.

Der Fasan (Phasanius colchicus) wurde bereits von den Römern in Mittel- und Westeuropa angesiedelt. Er ist beliebtes Jagdwild der Jäger. Besonders schön ist der Hahn mit seinen langen Schwanzfedern und seiner markanten Zeichnung des Federkleids. Zur Revierabgrenzung folgt nach einem lauten Ruf ein lautes Flügelklatschen.

Acker-Witwenblumen (Knautia arvensis) bei einem Streuobstbestand in Steinbruck/Steegen.

Ein Swiebenschläfer (Glis glis). Neben Eicheln, Haselnüssen und Bucheckern gehört Obst zu den bevorzugten Leckerbissen dieser kleinen Bilchart. Der Siebenschläfer nimmt gerne in Baumlöchern, Häusern und Nistkästen sein Schlafquartier. Dort verschläft er den Tag, um in der Nacht auf Nahrungssuche zu gehen. Der Name Siebenschläfer kommt von seiner Eigenheit, einen sehr langen Winterschlaf zu halten. Illustration von Theresa Limberger.

Blumen- und kräuterreiche Wiesen sind der ideale Lebensraum für den Feldhasen (Lepus europaeus).

Im Hochsommer ist die Zeit der Kirschenernte gekommen. Ein Hochgenuss und eine wahre Gaumenfreude. Scharten zählt hier zu den oberösterreichischen Hochburgen des Kirschenanbaus.

Auch innerhalb von Ortschaften finden Obstbäume ihren Platz. Wie diese Zwetschkenbäume an einer alten Mauer in Peuerbach.

Manche Obstäume haben es ein Leben lang schwer. Strenge, schneereiche Winter und andere Witterungseinflüsse lassen sie nur langsam wachsen, so wie diese Bäume im Bodinggraben im Nationalpark Kalkalpen.

Alter Stadel inmitten eines Streuobstwiesenbestandes in Lameth.

Der Herbst – Zeit der Ernte

Spätsommer und vor allem der Herbst sind die Zeit der Obstreife.
Jetzt lachen die Äpfel förmlich von den Bäumen und laden zum Pflücken ein.

Die Säcke am Fuß des uralten Mostobstbaumes zeugen von der oft harten Arbeit des Obstklaubens. Der Acker im Hintergrund ist bereits abgeerntet. Leopoldsberg, Naturpark Obst-Hügel-Land.

„Gemma Obstklaubn", heißt es im Herbst und raus geht's, um das Obst zu sammeln und köstlichen Saft oder Most daraus zu pressen.

Jetzt heißt es für jeden anpacken. Oft muss man sich bücken, bis so ein Traktoranhänger voll ist.

Ein seltener Gast, der wohl eher an Mäusen als an den leuchtend roten Äpfeln Interesse hat. Ein durchziehender Weißstorch (Ciconia ciconia) in einer Streuobstwiese bei Peuerbach.

Aber auch Haus- und manche Wildtiere lassen sich das saftige, vitaminreiche Angebot schmecken, wie hier dieser Ziegenbock bei Unterscharten.

Auch für Rehe (Capreolus capreolus) gibt es in Streuobstwiesen so manchen guten Happen zu finden, wie hier in Bubenberg in der Gemeinde Steegen.

Obstbäume in prächtiger Herbstfärbung. Leider ist diese schöne Baumgruppe bei Natternbach bereits Geschichte. Sie musste, wie so viele, der Technisierung unserer Landwirtschaft weichen. Ein herber Verlust für das Landschaftsbild.

Murbodnerrinder auf einer Weide in Bubenberg, Gemeinde Steegen. Streuobstwiesen eignen sich durch ihre lichte Schattenwirkung sehr gut für die Weidetierhaltung. Allerdings sollten die Bäume durch Einzäunung geschützt werden, damit sie nicht Schaden nehmen, wenn sich allzu oft Rinder daran reiben.

Nur das Dach dieses Hauses lugt zwischen der üppigen Fülle der Obstbäume hervor. Einige beginnen sich schon umzufärben.

Ein üppiges Festmahl dieser Apfel, der am Waldrand von einem Baum gefallen ist. Diese kleine Waldmaus (Apodemus sylvaticus) lässt sich die Gelegenheit nicht entgehen, um daran zu naschen.

Wie einen Schleier aus Gold legt die Sonne ihr Licht über die bunt gefärbten Obstbäume, Obermaggau bei Natternbach.

Ein Steinkauz (Athene noctua) überblickt im letzten Abendlicht sein Revier. Streuobstwiesen sind in Oberösterreich für diese Vogelart unabdingbar.

An manchen Tagen des Herbstes filtert erster Morgennebel das Sonnenlicht und taucht die Landschaft in weiche Farben, Langenpeuerbach/Steegen Oö.

Der Winter – Zeit der Stille

Wenn der Nebel über den Feldern aufsteigt und die Tage immer trüber werden, sodass die Sonne gleich dem Mond am Himmel erscheint, dann kann es jederzeit den ersten Schnee geben. Schlechtwetter bei Natternbach.

Jetzt überziehen erste Nachtfröste die Bäume mit Raureif, wie hier bei Oberschlierbach.

Wie ein Diadem wirkt diese vom Reif umkränzte Mistel auf einem alten Obstbaum bei Oberschlierbach. Leider schwächen diese Gewächse den Baum, auf dem sie wachsen.

Unverdrossen sucht sich dieser Stier noch das eine oder andere Gräschen aus der bereiften Wiese.
Glücklich solche Rinder, die nicht in Ställen gepfercht ihr Leben verbringen müssen, Bubenberg/Gemeinde Steegen.

Feldhasen (Lepus europaeus) verweilen oft den ganzen Tag in ihren Kuhlen, um Energie zu sparen. Davon hängt in strengen Wintern ihr Leben ab.

Dicht an dicht gedrängt trotzen Rebhühner (Perdix perdix) dem starken Frost des eisigen Winters.

Der Frost hat über mehrere Tage den Zweigen der Obstbäume ein Spitzenkleid gehäkelt, Kapping bei Natternbach.

Eigentlich ein Bewohner unserer Wälder, lässt sich manchmal der Gimpel (Pyrrhula pyrrhula) beobachten. Er sucht Sämereien in den Hecken und kommt auch gern ans Futterhaus. Hier ein Männchen, das Weibchen ist in matten Brauntönen gefärbt.

Die Spuren eines winterlichen Dramas. Hier hat ein Turmfalke eine Maus geschlagen und im Schnee seinen Abdruck hinterlassen.

Neben den heimischen Rabenkrähen und Elstern bevölkern jetzt auch Gäste aus Russland unsere Landschaft. Saatkrähen (Corvus frugilegus) weichen dem rauen Winter Sibiriens aus.

Seltene Bewohner der Streuobstwiesen, wie die Bechsteinfledermaus (Myotis bechsteinii), welche ihre Sommerquartiere oft in hohlen Obstbäumen hat, verbringen den Winter in Kellern und Höhlen in einer Art Kältestarre, die Lebensfunktionen auf ein Minimum reduziert. Sie hier zu stören kann tödlich für sie sein.

In manchen Wintern haben die Bäume eine große Last zu tragen, besonders wenn der Schnee schwer und nass auf ihnen liegt.

Der Kernbeißer (Coccothraustes coccothraustes) hat einen derart massiven Schnabel, dass er damit auch Kirschkerne knacken kann. Im Winter kommt er gerne auch in die Nähe der Häuser, besonders wenn Futter angeboten wird.

Schmackhaft, gesund und eine Zierde für das Haus: die Weintraube. Solche Wandbegrünungen bieten Brutplatz und Schutz für viele Vögel.

Begnadeter Baumzügler & Schöpfer einer regionalen Apfelsorte – der Weberbartl

Wer oder was ist eigentlich der Weberbartl?

Es ist eine Apfelsorte, die bevorzugt im Gebiet um St. Marienkirchen an der Polsenz, Scharten und Grieskirchen zu finden ist.

1772 übernahm Bartholomä Reiter das Haus von seinem Vater, einem Leinenweber, der im Haus Nr. 15 in Furth, in St. Marienkirchen a. d. Polsenz lebte und arbeitete. Darum hatte das Haus den Namen Weberhaus, denn es war damals üblich, dass die Handwerkerhäuser Hausnamen hatten, die den Beruf und den Namen seiner Bewohner beinhalteten. Seit der Übernahme durch Bartholomä hieß es daher *„Weberbartlhaus"*.

Bartoholomä war eine interessante Persönlichkeit, die ein hohes Ansehen in der Gemeinde genoss. Er gilt als einer der Hauptproponenten des Protestantismus bei der Errichtung der Pfarre Wallern um etwa 1782 1782 und vor dem Jahr 1781 als Anführer der Geheimprotestanten tätig, da bis dahin die Ausübung des evangelischen Glaubens im Land verboten war. Er erwarb sich mit seinem Herzensfreund Josef Malzner (Hitlmayer von Wallern) große Verdienste um die evangelische Gemeinde Wallern und Scharten. Allerdings war er durch sein Eintreten für den protestantischen Glauben auch vielen Angriffen ausgesetzt.

„In Samarey is a Weber, der is der Pastor, der kaun guat predigen, und stellt oans glei vor, dass sie des woare Liacht hobn und nochad is aus, oft steigt von da Kanzel de Weber-Filzlaus."

Aus einem Spottlied über die Bemühungen der Evangelischen, ein eigenes Gotteshaus zu errichten. Dafür legte sich Bartholomä sogar mit der Obrigkeit an.

Bartholomä Reiter war Prediger der evangelischen Gemeinde Wallern und scheint in dieser Zeit viele Male als Taufpate, Trauzeuge und Zeuge bei grundbücherlichen Verträgen auf. Nach dem Tod seiner Frau im Mai 1807 zog er zu seiner in Trattwörth (Fraham) verheirateten

Tochter Maria. Dort verstarb er am 30. Oktober 1818 und wurde in Eferding begraben. Anscheinend interessierte sich Bartholomä für den Obstbau und das Züchten neuer Sorten. Der Weberbartlapfel entstand höchstwahrscheinlich aus einem Zufallssämling, den Bartholomä weitergezogen und in der Gegend verbreitet hat, und so gibt es zwischen Scharten und Grieskirchen, eingestreut unter andere Obstsorten, immer wieder diese Weberbartl-Apfelbäume. Der Apfel ist klein bis mittelgroß und hat die Form einer abgeflachten Kugel. Er ist zu etwa zwei Drittel kräftig rot gefärbt und kurz abgesetzt gestreift. Auf der Schattenseite ist der Apfel grünlichgelb mit blassroten Streifen. Die Frucht wird leicht vom Schorf befallen, hält aber auch stärkerem Wind am Baum stand.

Der Apfel ist sehr saftreich und mit seinem herbsauren Geschmack gut für die Mosterzeugung geeignet. In St. Marienkirchen gibt es sogar einen eigenen Weberbartlmost, welcher zu den besonderen Edelmosten der Region zählt.

Ein Weberbartl-Apfelbaum am Rand eines Wanderwegs im Naturpark Obst-Hügel-Land.

Der Weberbartlapfel in voller Schönheit.

Köstliche Früchtchen

Neben Birnen und Äpfel gibt es noch eine ganze Reihe bekannte und weniger bekannte Früchte, aus denen der Mensch Schnäpse, Trockenfrüchte, edle Säfte und Liköre erzeugt oder sie als Krönung auf seine Torten und Kuchen arrangiert, wo sie in ihrer Buntheit Freuden des Gaumens versprechen.

Köstliche Beeren, die den Sommer versüßen.
Brombeere, Ribisel, Heidelbeere, Himbeere und Co.

Essbare Hecken können eine gute Möglichkeit sein, weil sie einerseits hochwertige Früchte, andererseits einen Beitrag zur Vernetzung unserer Landschaft liefern. Zudem sind sie wichtiger Nistplatz für Vögel sowie Rückzugsraum und Korridor für andere Tiere.

Eine brütende Amsel (Turdus merula) in einer Hecke.
Es hat soeben geregnet und auf dem Gefieder des geduldig ausharrenden Vogels schimmern die Wassertropfen.

Zwetschkenbäume an einer Hauswand bei Rechberg. Die Zwetschkenbäume waren früher allgegenwärtig. Heute sind sie nur noch relativ selten zu sehen. Getrocknete Zwetschken wirken leicht abführend. Das in der Frucht enthaltene Pektin fördert die Verdauung und senkt den Cholesterinspiegel im Körper, Rechberg.

Schmuck für das Haus, Unterschlupf für Tiere und Freude für den Gaumen – die Weintraube. Sie ist, bedingt durch ihren hohen Zuckergehalt, ein Energielieferant für unseren Körper, fördert die Verdauung und reguliert die Tätigkeit des Darms. Außerdem wirken Trauben entschlackend und entgiftend für den Körper, Niederneukirchen.

Ringlotten, Pidling oder Kriacherl gehören zur Familie der Pflaumen, also zum Steinobst. Die sehr schmackhaften, dem Kern zu sauren Früchte werden zu Marmeladen und als Kompott verwendet und auch zur Herstellung von Schnaps. Im Naturpark Attersee versucht man in einem Projekt die vielen Arten dieser Wildpflaumenarten zu unterscheiden und zu bewahren.

Mit dem Obst verbunden

Eine Person, die ich im Rahmen der Erstellung dieses Buches kennenlernen durfte und die mit dem Begriff Streuobstwiesen und Obstsorten eng verbunden ist, möchte ich Ihnen hier vorstellen.

Konsulent HR Dr. Dipl. Ing. Siegfried Bernkopf ist einer der besten Pomologen unseres Landes. Sein Werdegang ist so vielfältig, seine Projekte, Fachartikel, Publikationen und Verdienste für die Arterhaltung im heimischen Obstbau so zahlreich, dass es den Rahmen dieses Buches sprengen würde, wenn man auf sie alle eingehen würde.

Einige Fragen hat mir Siegfried Bernkopf in einem Interview beantwortet.

Stift Schlierbach, Ob.-Oe.

Welche Beziehung hast Du zum Thema Obst?

Dazu einige Erinnerungen aus meiner Jugendzeit: Ich bin unmittelbar nach dem Krieg in einer Eisenbahnersiedlung in der obersteirischen Gemeinde St. Michael aufgewachsen. In den Siedlungsgärten gab es so gut wie keine Obstbäume, da die Kultivierung von Gemüse zur Ernährung der Familien Priorität hatte. In den bäuerlichen Obstgärten und entlang von Feldwegen standen Bäume, deren Früchte primär zur Herstellung von Most, Saft, Schnaps und Dörrobst verwendet wurden. Vereinzelt gab es auch Tafelobstbäume. Deren Früchte waren auf Grund des zumindest damals sehr rauen lokalen Klimas im Vergleich zu Obst aus der Untersteiermark bedeutend kleiner und auch geschmacklich wenig ansprechend.

Aus diesem Grund fuhr mein Vater jeden Herbst zu einer Bäuerin, die etwas südlich von Graz einen Obstgarten mit köstlichem Tafelobst hatte. Schon als Volksschüler durfte

Auf dieser Ansichtskarte aus dem Jahr 1929 präsentiert sich das Zisterzienserstift Schlierbach eingebettet in große Obstbaumbestände. Auch Siegfried Bernkopf erlebte in seiner Kindheit nach dem Krieg noch eine große Anzahl von Streuobstbeständen im Umfeld von Schlierbach.

ich meinen Vater dabei begleiten. Es war jedes Mal eine sehr beschwerliche Tour. Im Gepäckwagen des Zuges befand sich das Steyrer Waffenrad meines Vaters mit drei leeren Koffern auf dem Gepäckträger. Der Bauernhof lag ein paar Kilometer vom Bahnhof entfernt. Ich durfte auf der Fahrradstange Platz nehmen und dann begann die Fahrt durch die schöne, hügelige Landschaft. Nach einer kräftigenden Jause bei der Bäuerin machten wir uns an die Obsternte. Was die Sorten betrifft, so war es eine bunte Mischung von lagerfähigen Äpfeln, wovon mir vor allem die Maschanzker und Schafnasen in Erinnerung geblieben sind. Beim Obsttransport zurück zum Bahnhof brauchte es zwei Fahrten, weil drei volle Koffer zu schwer gewesen wären. Das Obst lagerten wir zuhause im Kellerabteil auf Regalen. Durch den Lehmboden im Keller hielten sich dort die Früchte bis Ende März.

Meine zweite frühe Beziehung zu Obst verdanke ich der oberösterreichischen Heimat meines Vaters, der in Schlierbach aufgewachsen und danach bis 1938 als Landarbeiter auf mehreren Bauernhöfen dieser Gegend tätig gewesen ist. Von meiner frühesten Jugend an verbrachte ich bei meiner Tante in Schlierbach sehr schöne Ferienwochen zu Ostern und im Sommer. Was mir schon damals gefiel, war diese herrliche Streuobstlandschaft mit Abertausenden von Bäumen in üppig grünen Wiesen. Es war wohl weitgehend Mostobst, das dort zum weit und breit geschätzten Kremstaler Most verarbeitet wurde, ein Umstand, der mich erst viele Jahre später in besonderer Weise interessieren sollte.

In Schlierbach und Umgebung hatten wir ein paar Verwandte, die Bauern waren und die wir während meiner Sommerferien regelmäßig besuchten. Dort hielt ich immer gleich Ausschau, ob irgendwelches Obst schon reif war. Mein besonderes Interesse galt den Naglwitzbirnen (dort auch Muskatellerl genannt), den Salzburger- und Zwiebotzenbirnen, die im Juli und August zusammen mit frühreifenden Äpfeln (Klarapfel, Kornapfel etc.), Zwetschken und Pflaumen meinen Gaumen erfreuten.

Du hast ja die Erforschung alter Obstsorten als wissenschaftliche Disziplin betrieben, der sogenannten Pomologie. Wie verlief hier deine Entwicklung?

Im Jahr 1981 wurde ich an meiner Dienststelle, der Landwirtschaftlich-chemischen Bundesanstalt in Linz, beauftragt, im Rahmen eines Forschungsprojektes einen kleineren Teil meiner Dienstzeit für das Studium und letztlich auch für die Erhaltung alter Obstsorten zu verwenden. Diese Bundesanstalt hatte sich schon seit einigen Jahren mit der Sammlung und Erhaltung alter Sorten von landwirtschaftlichen und gärtnerischen Kulturpflanzen beschäftigt. Das Wissen über die alten Obstsorten draußen in den bäuerlichen Obstgärten war zumindest damals in Österreich stark unterentwickelt. Die führenden pomologischen Institute Österreichs, die Universität für Bodenkultur in Wien und die Höhere Bundesversuchsanstalt für Wein- und Obstbau in Klosterneuburg, verfügten zwar noch immer über eine Kompetenz im Bereich der Tafelobstsorten, hatten aber so gut wie keine Kenntnisse von der Sortenvielfalt in den bäuerlichen Obstgärten.

Sortenschau an einem Tag der alten Obstsorten.

Als ich im Herbst 1981 mit den pomologischen Arbeiten begann, war es zunächst notwendig herauszufinden, wer in Oberösterreich und darüber hinaus pomologische Kenntnisse von den alten bäuerlichen Lokalobstsorten hatte. Österreichische Pomologen wie Löschnig, Schleicher, Kroneder, Hofer und einige mehr, von denen ich viel hätte lernen können, waren leider schon längst unter der Erde und so musste ich mich anfangs mit dem Wissen von ein paar wenigen lokalen Sortenkennern in Ober- und Niederösterreich zufriedengeben. Alte kostspielige Obstsortenbücher (Pomologien) wurden privat angekauft, die über die Jahre etwa 70 000 Schilling verschlangen. Das Studium der alten Obstsorten war für mich nicht nur eine berufliche Aufgabe, sondern wurde sehr bald auch zu einem privaten Anliegen. Man könnte sagen, dass die Pomologie neben meiner Familie zu meinem Lebensinhalt geworden und dies bis heute geblieben ist. Nur so war es möglich, in dieser wissenschaftlichen Disziplin meinen jetzigen im In- und Ausland geschätzten Wissensstand zu erreichen.

Welche Faszination üben alte Obstsorten auf dich aus?

Seit meiner Kindheit erfreue ich mich an der Vielfalt der Pflanzen und Tiere in der Natur und stelle mit großem Bedauern fest, dass diese in den letzten Jahrzehnten zunehmend im Rückgang begriffen ist. Man könnte viele Gründe dafür anführen, wie z. B. den Klimawandel, die industrialisierte Landwirtschaft, die globalisierte Wirtschaft und vieles mehr. Letztlich ist es der Mensch, der für den Raubbau in der Natur und an ihrer Vielfalt verantwortlich ist.

Was für die Vielfalt der Natur im Allgemeinen gilt, gilt auch für jene der Obstsorten. Die Obstsortenvielfalt in Österreich hat im Laufe der letzten 300 Jahre Höhen und Tiefen erfahren. In der ersten Hälfte des 19. Jhs. hat es bei uns Tausende Sorten gegeben. Etwa 2 000 davon dürften es heute schätzungsweise noch sein. Die meisten Bäume dieser Sorten stehen in den bäuerlichen Streuobstgärten. Deren Früchte dienen sowohl dem Frischverzehr, dem Gebrauch in der Küche wie auch der Verarbeitung zu Saft, Most, Schnaps und Dörrobst.

Die meisten Sortenbäume sind über 100 Jahre alt, die ältesten an die 300 Jahre. Ich bin ein Bewunderer dieser alten Obstbäume. Als ich vor ein paar Jahren noch in der Nähe von Schlierbach vor einem etwa 300-jährigen Methusalem der Most- und Dörrbirnensorte Rote Haindlbirne stand, übermannte mich vor Ehrfurcht die Lust, diesen Baum mit seiner enormen Baumkrone zu tätscheln und ihm zu danken, dass er so viele Jahre durchgehalten, vielen Generationen Obst geliefert hatte und noch immer Früchte trug.

Schwer mit Früchten behangener Apfelbaum bei Munderfing Oö.

Mächtiger, sehr alter Birnbaum in der Nähe von Neumarkt-Kallham.

Die Faszination der alten Sorten liegt natürlich nicht nur in ihrem Alter, sondern sie haben zunächst einmal hinsichtlich Entstehung und Herkunft Geschichten zu erzählen. Nicht wenige Tafelobstsorten sind schon vor 200 Jahren oder noch früher aus Frankreich, Belgien, England, Deutschland etc. zu uns gekommen. Der überwiegende Teil unserer heimischen Mostobstsorten ist jedoch im Laufe von etwa 300 Jahren in Österreich aus Samen entstanden.

Am meisten fasziniert mich aber die Vielfalt der alten Sorten, die es mit allen Sinnen zu erfassen gilt. Diese enorme geschmackliche Vielfalt offenbart sich auch beim Kochobst und in den sortenreinen Obstprodukten (Saft, Most etc.). Ein Apfelmus vom Weißen Klarapfel oder z. B. ein Apfelstrudel von einem der Lederäpfel (Schöner von Boskoop, Roter Boskoop, Graue Herbstrenette, Damasonrenette etc.) sind einfach was höchst Delikates. Mostkenner schätzen reinsortige Moste von der Kleinen Landlbirne, Grünen Winawitzbirne, Speckbirne, Lehhoferbirne, Stieglbirne, Dorschbirne, dem Kronprinz Rudolf, dem Steirischen Maschanzker, Brünnerling etc.). Kenner von hochqualitativen Destillaten machen mehr und mehr Bekanntschaft mit reinsortigen Produkten aus verschiedenen Birnen-, Apfel-Zwetschken-, Pflaumen- und Marillensorten.

Die Obstsortenvielfalt manifestiert sich aber auch in der Bedeutung und im Verhalten der jeweiligen Bäume als Teil der Streuobstwiesen. Jeder der Sortenbäume stellt ein Biotop für sich dar. Dies betrifft den Boden mit allen möglichen Kleinlebewesen, den Unterwuchs und den oberirdischen Teil des gesamten Baumes. Es würde hier zu weit führen, die ökologische Bedeutung eines Streuobstbaumes näher zu erläutern, zumal es seit einigen Jahren nicht wenige wissenschaftliche Studien darüber gibt.

Warum brauchen wir auch zukünftig Obstsortenvielfalt?

Wir wissen heute noch nicht, welche Anforderungen zukünftige Generationen an die Obstsorten stellen werden. Da geht es ja nicht nur um die Obstqualität selbst, sondern z. B. auch um die Produzierbarkeit unter wahrscheinlich schlechteren klimatischen Bedingungen (zunehmende Trockenheit, vermehrtes Aufkommen von Obstbaumschädlingen und -krankheiten etc.). Die überwiegende Zahl der heute marktrelevanten Tafelapfelsorten tragen die Gene der Sorte Golden Delicious in sich. Es ist nur eine Frage der Zeit, bis sich diese genetische Verarmung in der Apfelzüchtung rächt. Weiters hat sich gezeigt, dass bei einigen resistenten Tafelapfelsorten die Resistenzen mehr und mehr aufbrechen. Warum werden die natürlichen Krankheitsresistenzen von alten Sorten bei Neuzüchtungen nicht genutzt? Aus all diesen und sonstigen Gründen ist es notwendig, einen möglichst großen Genpool an alten Sorten für uns heute und für unsere Nachwelt zu erhalten.

Es wäre natürlich schön und erstrebenswert, wenn sich die Landwirte und Hausgärtenbesitzer der pomologischen Schätze in ihren Gärten voll bewusst wären und die Verantwortung für deren Erhaltung übernehmen würden. Die statistischen Zahlen der Obstbaumbestände in Österreich zeigen jedoch, dass es in den letzten 50 Jahren zu mehr als einer Halbierung der Baumzahlen gekommen ist. Sortenerhaltung sollte jedoch nicht nur ein Anliegen der Obstgartenbesitzer sein, sondern auch der staatlichen und halbstaatlichen Institutionen in Österreich. Das Problem bei allen diesen Sortensammlungen liegt im hohen Aufwand für die Pflege. Es bleibt zu hoffen, dass die dazu erforderlichen Ressourcen abgesichert auch zukünftig vorhanden sein werden.

Wie schätzt du die Entwicklung des heimischen Obstbaus ein?

Der Intensivobstbau im Bereich Tafeläpfel ist in Österreich stagnierend, in Oberösterreich schwach ansteigend. In Oberösterreich ansteigend sind die Sonderkulturen. Ich denke da in erster Linie an die Steinobstkulturen (Marillen, Kirschen). Am besten siehst du das in Scharten, wo Intensivobstbau von Marillen, Kirsche, Äpfeln etc. neben dem bedeutenden Streuobstbau friedlich nebeneinander existieren.

Ich habe für Naturschutz sehr viel übrig, als Realist muss ich aber einsehen, dass sich der Streuobstbau in Österreich in seiner jetzigen Ausdehnung nur dann halten und überleben kann, wenn der Obstgartenbesitzer einen Nutzen davon hat. Die Devise Erhaltung durch Wertschöpfung wird auch in der Zukunft gelten.

Lieber Siegfried, ich danke dir für dieses Gespräch.

Kirschenplantage bei Unterscharten.

Und alle Jahre kommt der Tod

Jedes Jahr sieht man frisch gefällte Obstbäume neben den Wegen und Straßen liegen. Den Menschen und ihren immer rascher werdenden Maschinen stehen sie im Weg. Das begann schon in den 1960er-Jahren. Die Landwirtschaftskammern riefen zur großräumigen Rodung von Streuobstwiesen auf. Organisationen wie der Oberösterreichische Naturschutzbund leisteten hier wichtige Arbeit, um das Schlimmste zu verhindern. Grundzusammenlegungen taten ihr Übriges, um wertvolle Landschaftselemente zu entfernen und unser Land maschinengerechter zu gestalten. In Naturparks wie dem Naturpark Obst-Hügel-Land versucht man solchen Trends entgegenzuwirken.

Broschüre der Landwirtschaftskammer aus den 1960er-Jahren.

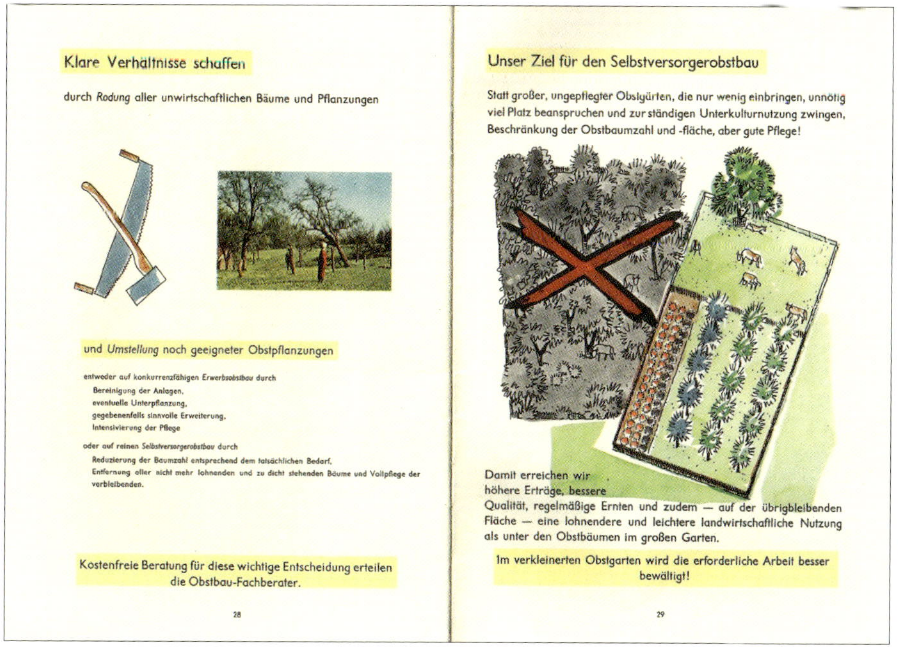

Klare Verhältnisse schaffen

durch *Rodung* aller unwirtschaftlichen Bäume und Pflanzungen

und *Umstellung* noch geeigneter Obstpflanzungen

entweder auf konkurrenzfähigen *Erwerbsobstbau* durch
- Bereinigung der Anlagen,
- eventuelle Unterpflanzung,
- gegebenenfalls sinnvolle Erweiterung,
- Intensivierung der Pflege

oder auf reinen *Selbstversorgerobstbau* durch
- Reduzierung der Baumzahl entsprechend dem tatsächlichen Bedarf,
- Entfernung aller nicht mehr lohnenden und zu dicht stehenden Bäume und Vollpflege der verbleibenden.

Kostenfreie Beratung für diese wichtige Entscheidung erteilen die Obstbau-Fachberater.

28

Unser Ziel für den Selbstversorgerobstbau

Statt großer, ungepflegter Obstgärten, die nur wenig einbringen, unnötig viel Platz beanspruchen und zur ständigen Unterkulturnutzung zwingen, Beschränkung der Obstbaumzahl und -fläche, aber gute Pflege!

Damit erreichen wir höhere Erträge, bessere Qualität, regelmäßige Ernten und zudem — auf der übrigbleibenden Fläche — eine lohnendere und leichtere landwirtschaftliche Nutzung als unter den Obstbäumen im großen Garten.

Im verkleinerten Obstgarten wird die erforderliche Arbeit besser bewältigt!

29

Denkschrift zur Rodungsaktion von 1966.

1966

Denkschrift
zur Obstbaumrodeaktion
in Oberösterreich
in landschaftsbiologischer Schau

Leider hält der Trend, die Landschaft auszuräumen, immer noch an und so verlieren viele Gegenden auch heute noch ihr Gesicht.

Gefällte Obstbaumreihe bei Gstocket, Oberösterreich. Jährlich verschwinden dadurch viele Bäume aus unserer Landschaft.

Vögel wie der Grauschnäpper (Muscicapa striata), brauchen Nischen in alten Obstbäumen zur Aufzucht der Jungen, dafür jagen sie viele Schadinsekten. Auch Nischen an Gebäuden oder spezielle Nistkästen nutzen sie gerne.

„Was einst den Menschen hat genährt, das ist ihm heute nichts mehr wert." Reste einer frisch gerodeten Baumreihe bei Gschnarret. Obstbäume umzuschneiden, während sie voll von Früchten sind, zeugt von unserer wohlstands- und maschinengläubigen Zeit.

Meist werden die Obstbäume mitsamt den Stümpfen aus dem Boden gerissen, Langenpeuerbach/Steegen.

Der angekündigte Tod

Wenn der Gemeine Schwefelporling *(Laetiporus sulphureus)* mit seinen leuchtend gelborangen Fruchtkörpern auf einem Obstbaum zu sehen ist, kündigt er den Tod des Baumes oft mehrere Jahre vor dessen wirklichem Ende an. Dieser Pilz durchzieht das Holz des lebenden Baumes mit seinem Myzel (dem eigentlichen Pilz) und erzeugt die sogenannte Braunfäule, welche das Holz dunkel färbt und mit der Zeit brüchig macht. Diesen Pilz entdeckte ich auf einem Mostbirnbaum in der Nähe von Raab.

Ein vom gemeinen Schwefelporlin (Laetiporus sulphureus) befallener Mostobstbaum bei Raab.

Bei älteren Bäumen fordern auch Stürme ihre Opfer. Unter der Last der vielen Früchte ist dieser Baum bei Langenpeuerbach in der Gemeinde Steegen zusammengebrochen.

Ein besonderer, 16 bis 32 cm großer Käfer, welcher in Laubwäldern aber auch in alten Streuobsbeständen zu finden ist. Der Balkenschröter (Dorcus parallelipipedus) legt seine Eier in das Holz abgestorbener Bäume. Zu finden ist er mit viel Glück von April bis September. Der Käfer ernährt sich von Pflanzensäften. Den lebenden Baum schädigt er nicht.

Manche Obstbäume dürfen auch langsam sterben. Sie bilden einen eigenen Lebensraum für viele Organismen und stehen oft noch lange, bevor sie stürzen, Peuerbach.

Nachwort

Viel gäbe es noch zu erzählen über den Reichtum, den uns Obstbäume, Obstreihen und Streuobstwiesen sowohl in ästhetischer Hinsicht als auch als Lieferanten vitaminreichen Obstes, als Bereicherung unserer Landschaft, als Lebensraum und Wirtschaftsfaktor bescheren.

Das Buch erhebt keinerlei Anspruch auf Vollständigkeit, sondern sollte Ihnen die hohe Wertigkeit und kulturelle Bedeutung dieses von Menschenhand geschaffenen Lebensraums vor Augen führen. Ohne Streuobstwiesen und die stattlichen Baumreihen entlang von Wegen und Straßen wäre unser Land um vieles ärmer.

Dank an dieser Stelle für ihre Hilfe an meine Mitautoren: Josef Raab, Kurator des Mostmuseums in St. Marienkirchen an der Polsenz für die historischen Fakten, Julia Kropfberger und Dr. Martin Schwarz vom Naturschutzbund Oberösterreich für Ihre Beiträge über die Pflanzen- und Insektenwelt. Für die Geduld und die Durchsicht Dipl. Ing. Rainer Silber, Geschäftsführer des Naturparks Obst-Hügelland. Für die schönen Illustrationen bei meiner Tochter Theresa und bei meiner Frau Maria für die Nachsicht, dass ich für dieses Buch so viel Zeit verwendet habe, und ihre Korrekturen. Werner Bejvl und dem Naturpark Obst-Hügel-Land für die zur Verfügungsstellung von Bildmaterial und der Familie Mayrhofer, Zell am Moos, für die Erlaubnis, Exponate zu fotografieren. Ebenso der Familie Feldbauer in Manzing, bei der ich einige schöne Exponate aus der Sammlung verwenden durfte. Bei Melchior Frommel und Ingrid Uhl für die Vermittlung von Bildern, sowie all jenen, die mir in Form von Interviews und für Fotos zur Verfügung standen. Nicht zuletzt bei Verlag Freya, der das Wagnis auf sich genommen hat, dieses Buch zu verlegen. Für die finanzielle Unterstützung des Projektes möchte ich mich beim Amt der Oö. Landesregierung, Abteilung Naturschutz, und der Hofer KG herzlich bedanken.

Obstbaumreihe neben einem abgeernteten Feld bei Neukirchen am Walde.

Im Herbst verfärben sich die Blätter mancher Mostobstbäume in leuchtenden Rottönen.
Mögen diese Farben noch lange in der Landschaft leuchten, Bubenberg/Steegen Oö.

Etwas verlassen wirken diese alten Eichenfässer in einer Scheune. Zeugen einer vergangenen Zeit, Langenpeuerbach.

Fußnoten

1) H.L. Werneck, *Die naturgesetzlichen Grundlagen der Land- und Fortwirtschaft in Oberösterreich, Versuch zu einer Pflanzengeographie und Ökologie,* Linz, 1935, S.379

2) B. Pillwein, Geschichte Geographie und Statistik des Erzherzogtums Österreich ob der Enns und des Herzogtums Salzburgs, Linz, 1827-33, Bd. 3 *„Der Hausruckkreis"*

Bildverzeichnis

S. 19: Otto Wilhelm Thomé, Flora v. Deutschland, Österreich und der Schweiz. Gera 1885)

S. 24/28 (links)/31/124: Mostmuseum St. Marienkirchen a. d. Polsenz

S. 36: Franz Stelzhamer im Alter von 68 Jahren, Carl Riss 1870, Wikipedia

S. 38/115/170: Naturpark Obst-Hügel-Land

S. 60: Darstellung eines Bienenstockes von einem unbekannten Meister aus dem 14. Jh. Wikipedia

S. 81 (rechts): Werner Bejvl

S. 91/175: Aus der Sammlung des Autors

S. 119 : Heiko Bellmann, Archiv Biologiezentrum am Oö. Landesmuseum

S. 144 (oben): Stefan Rumersdorfer, Archiv Naturpark Obst-Hügel-Land

S. 177: Julia Kropfberger

S. 183: Archiv Naturschutzbund

Literaturverzeichnis

Faber, H., 2006. *Die Welt des Apfelweins.* Nidderau, Verlag Michaela Naumann.

Jahrbuch des oö. Musealvereines Gesellschaft für Landeskunde, 1981. Verfügbar in: http://www.ooegeschichte.at/uploads/tx_iafbibliografiedb/JBMusver_1981_126_0189-0228.pdf [Abfrage am: 14.07.2014].

Krackowizer, F., 1899. *Der Most. Eine wirtschaftliche Studie.* Linz, Selbstverlag.

Lipp, F. C., 1988. *Herzhafter Haustrunk Most.* Linz, Agrolinz Agrarchemikalien.

Schimmel, H., Land Oberösterreich, 2006. *Den Mostschädeln auf der Spur,* Linz, Trauner Verlag.

Wirtl, M.; Dachs, M., 2013. *Rund um den Most. Gelebte Mostkultur und Mostschänken in Oberösterreich.* 1. Auflage, Linz, Trauner Verlag.

OÖ Nachrichten, 8.10.2005, Roman Sandgruber, S. 37

OÖ Nachrichten, 24.4.2004, A. Krieglsteiner, S. 32

Forum oö. Geschichte, 2006, Roman Sandgruber

Mag. Gerhard Krims. Weberbartl von Furth aus: „Samareiner Mostpresse" Juni 2001, S. 169